重点行业
场地特征污染物清单

曹 莹 / 著

中国环境出版集团 · 北京

图书在版编目（CIP）数据

重点行业场地特征污染物清单/曹莹著. —北京：中国环境出版集团，2023.11

ISBN 978-7-5111-5733-1

Ⅰ. ①重… Ⅱ. ①曹… Ⅲ. ①场地—污染源管理—研究—中国 Ⅳ. ①X508.2

中国国家版本馆 CIP 数据核字（2023）第 250003 号

出 版 人 武德凯
责任编辑 曲 婷
封面设计 宋 瑞

出版发行 中国环境出版集团
（100062 北京市东城区广渠门内大街 16 号）
网 址：http：//www.cesp.com.cn
电子邮箱：bjgl@cesp.com.cn
联系电话：010-67112765（编辑管理部）
发行热线：010-67125803，010-67113405（传真）

印 刷 北京中献拓方科技发展有限公司
经 销 各地新华书店
版 次 2023 年 11 月第 1 版
印 次 2023 年 11 月第 1 次印刷
开 本 787×960 1/16
印 张 9.75
字 数 154 千字
定 价 50.00 元

目　录

第1章　绪 论

1.1　研究背景与意义

污染场地土壤特征污染物筛选和识别是场地污染修复的基础。1980 年美国通过了《综合环境反应、补偿与责任法》，该法基于有毒有害污染物的出现频率、毒性和潜在暴露危害对污染物进行识别；美国国家研究委员会（NRC）综合考虑污染物清单、污染物健康效应、污染物存在状态及化学特性等信息，提出了“三步法”的筛选程序；欧盟也提出采用风险排序法、化合物危险鉴定与评估工具（CHIAT）筛选优先污染物。1989 年我国提出 68 种《中国水中优先控制污染物黑名单》；2018 年发布了《有毒有害大气污染物名录（2018 年）》，共涉及 11 类有毒有害物质。但我国对场地土壤特征污染物清单的研究起步较晚，至今尚未建立一套完整的关于场地土壤特征污染物筛选的方法或工作指南，致使当前我国在场地土壤环境污染物监测和管控方面存在一定的盲目性。

科学识别重点行业场地环境中的污染特征，明确场地土壤环境的特征污染物清单，是开展我国重点行业场地污染环境健康风险管理工作的基础。在目前公众反映强烈的环境健康风险区域，针对污染场地污染的具体健康损害风险管控需求，研究开发实用的特征污染物筛选技术，获取反映我国场地污染特点与环境健康风险关系密切的特征污染物清单已经显得十分紧迫。因此，尽快开展我国场地特征污染物筛选方法及清单的研究，是提高我国场地污染物毒性数据库和健康风险监管技术的重要需求。

针对众多且日益增加的环境化学污染物，许多国家通过采取从中筛选出污染物开展重点监测、管理和治理的策略，来达到对场地众多环境污染物进行管理与控制的目的。我国重点行业场地还存在石油化工、焦化、冶炼以及农药等多行业的复合污染，导致多种毒害物质复合污染土壤环境。鉴于我国尚未发布场地土壤中重点行业特征污染物识别技术及名录，本研究根据《土壤污染防治行动计划》（简称“土十条”）和《水污染防治行动计划》等文件，选择石油加工、焦化、金属冶炼等重点污染行业，基于对常规污染物、挥发性/半挥发性有机污染物和重金属等特征污染物的定性筛查，从各行业主流工艺出发，研究重点行业整个生命周期的原辅料使用、产排污环节、污染物产排量以及周边土壤特征污染物等情况，总结重点行业的污染物排放特征，编制重点行业场地土壤特征污染物清单。该清单可为我国场地环境污染状况调查检测指标的选择和环境污染综合治理提供依据和线索，也是重点行业场地环境与健康综合监测体系建立的基础，为长期的健康风险监控和风险预警提供指标对象。

1.2 国内外研究进展

美国是最早开始研究污染物清单的国家。20 世纪 70 年代，联邦公告正式提出 65 类有毒有害污染物的名单。美国国家环境保护局（EPA）目前所提出的 129 种优控污染物覆盖了上述有毒物质，并在其基础上增加了检出率高、含量大的污染物。美国有毒物质排放清单（TRI）列出了 600 多种物质，并且对外公开了这些有毒的污染物。美国《清洁水法》列出的优控化学污染物有 126 种，其中包括有机污染物 114 种。此外，超级基金制度也建立了“国家优先名录”。

欧盟实施了《化学品注册、评估、授权和限制法规》（REACH 法规），主要内容包括注册、评估、许可和限制 4 个层次。该法规明确规定，具有较高关注度的污染物（SVHC）将逐渐被纳入有毒污染物的清单中。目前在 REACH 法规中 SVHC 的数量已经增加至 181 种。

日本环境省则是在早前确定了优先控制的污染物清单，大约包含 600 种污染物，并且自行建立了一套相对健全的环境监控法律体系，名为“污染物控制法”（CSCL）。截至目前，该法例规定主要优先控制的污染物分为 4 类。①第一类：具有环境持久性、毒性和高生物累积性的污染物；②第二类：在使用时必须严加防护，且存在于环境当中具有持久的毒性的污染物；③第三类：具有累积性、持久性，但目前对其长期毒性未知的污染物；④第四类：具有潜在的环境风险，能够对环境和人类造成持久毒性的污染物。

从 20 世纪 80 年代开始，我国开展了针对水体的污染物筛选工作，通过严格的筛选以及专家们的多次研讨，最终发布了《中国水中优先控制污染物黑名单》。2018 年，我国发布了《有毒有害大气污染物名录（2018 年）》，建立了针对大气的有毒有害污染物清单。

为了全面健康地保证我们的日常生活环境，而今我国开始逐步开展针对土壤的有毒有害污染物数据库的建立工作，在全面有效的数据基础上，通过建立健全的法律法规，保障人民的身体健康，保证社会的正常运行，为未来健康的环境打下良好的基础。在土壤方面进行全面的污染物筛选，为各个重点行业生产过程中造成的周边环境污染做好防污与治理的前提工作，具有深远的意义。

第 2 章　重点行业场地特征污染物筛选方法研究

2.1　国内外场地特征污染物筛选方法汇编

多数重工行业在生产过程中会排放大量污染物，对环境造成恶劣影响，这些污染物除了常规污染物之外，还有很多具有其行业特点的污染物，它们会对周边环境产生很大的负面影响，在一般意义上被称为特征污染物。目前，主要参照优控污染物的筛选技术对场地土壤中这些特征污染物进行筛选与识别。已有的特征污染物筛选方法主要包括两大类：定量评分法和半定量评分法。

定量评分法是通过计算污染物的毒性、降解性以及环境目标值等，得出每种污染物具体量的确定值，并按得分进行排布，整体框架明确清晰。但使用这类方法时，涉及的目标参数较多，而且很多数据获取难度极大，故该方法局限性较强，适用面较窄。定量评分法主要包括多介质环境目标值模式法和潜在危害指数法。

半定量评分法是在污染物有一定得分值的基础上，由相应的专家进行研判，在实地调研的基础上，根据污染物的毒性、含量、检出率等因素，通过一定的方法计算得出各污染物得分，将此得分作为排序的依据，最终确定特征污染物。半定量评分法目前应用较为广泛，主要包括综合评分法、Hasee 图解法和层次分析法等，各个方法优缺点见表 2-1。

通过搜集目前特征污染物的筛选方法以及对各种方法优缺点进行对比，结合特征污染物的特点，得出的结论是这些方法并不适合对行业特征污染物的全方面排查。本研究所建立的重点行业场地特征污染物筛选技术从主流工艺出发，在充分调研行业文献、资料的基础上，从生产全过程研究，考虑生产所用原料、生产工艺、产排量以及污染物特征等情况，结合厂区实地土壤样品检测结果，形成了重点行业场地土壤特征污染物清单。

表 2-1　目前特征污染物筛选方法优缺点

方法	优点	缺点	适用性
潜在危害指数法	考虑了毒性、生物累积性和慢性效应，能够有针对性地筛选某一化学物质，迅速找出主要的污染物，在之后的研究中避免盲目性	没有考虑到环境污染物的暴露和转归；处理相对比较复杂的混合物时，也没有考虑到化学物质之间的协同作用和拮抗作用；同时该方法也没有体现污染物在环境中的扩散规律	适用于污染物较少，且污染物相互关联不大的情况
密切值法	具有简单明了且客观的实施过程，筛选结果比较清晰直观	会用到不同的评价指标，但是仍然是等权处理，使得结果与实际有出入	要求结果不确切的情况下，可以普遍使用
Hasse 图解法	能够直截了当地表达各种污染物的危害性；能够简单地找到危害性最高、最低的污染物，突出重点	绘制图谱的过程复杂且烦琐；对于一部分污染物危害性的呈现不彻底	适用于污染物种类较少且污染物特征较明显的情况
综合评分法	考虑比较全面，且执行方法简单有效	对于某些指标的赋分及比重，具有一定的主观因素，因此会产生较大的误差范围	适用于污染物种类较少、判定区域的范围较小的情况
层次分析法	考虑了不同污染源、不同污染种类及不同排放量的差异	带有较强的主观性	可用于生态环境质量评价和安全评价体系

目前对污染物进行筛查的方法主要有 3 种：靶向筛查方法（Target analysis）、怀疑筛查方法（Suspect analysis）、非靶向筛查方法（Non-target analysis）。3 种方法的分析流程如图 2-1 所示，所有流程都遵循以下基本原则：

（1）靶向筛查方法：对于目前已知的化合物，并且有相应的标准物质，可通过靶向筛查法对其进行定量分析。该方法具有很大的局限性：第一，只能分析有限的目标物；第二，可以检测新的物质，但成本较高；第三，购买国外已有而国内没有的标准物质时会不太方便。

（2）怀疑筛查方法：对于目前已知的化合物，但没有相应的标准物质；或者需要分析的化合物目前是未知的，可通过怀疑筛查法对其进行预测。该方法能够较大精度地找到需要分析的化合物，结果也比较真实可靠。

（3）非靶向筛查方法：当所分析的化合物是未知的，且不能对其进行预测时，只能通过非靶向筛查法对化合物进行全面扫描分析，尽可能地分析出样品中所含有的全部化学物质。该方法能够全面可靠地帮助寻找所有未知的物质。

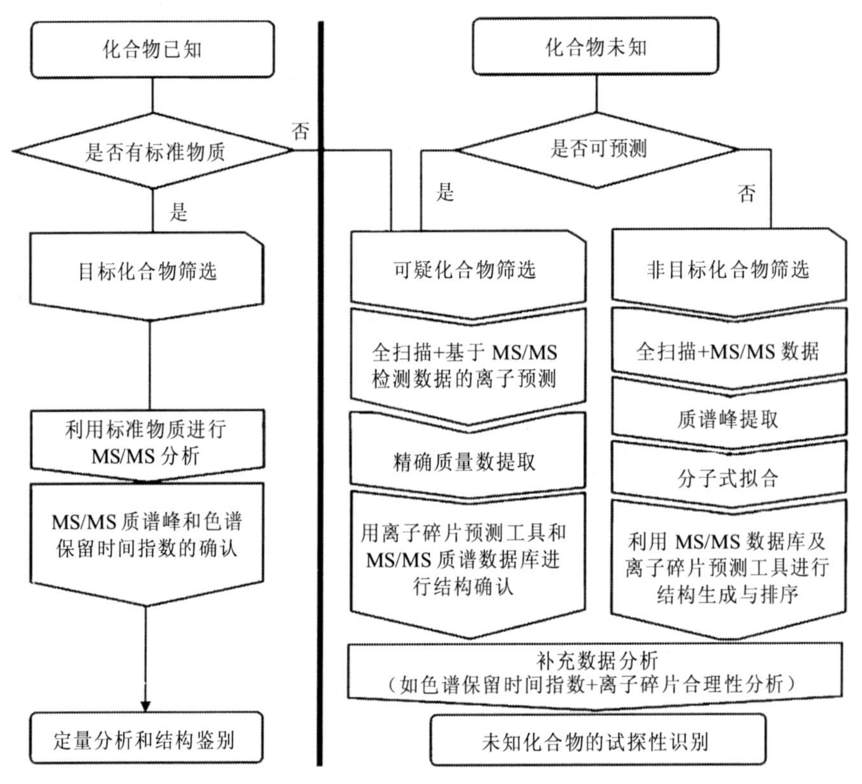

图 2-1　3 种筛查方法的流程

2.2　重点行业选取背景及原则

“土十条”提出，严格控制在优先保护类耕地集中区域新建有色金属冶炼、石油加工、化工、焦化、电镀、制革等行业企业，现有相关行业企业要采用新技术、新工艺，加快提标升级改造步伐。还要求重点监测土壤中镉、汞、砷、铅、铬等重金属（类金属）和多环芳烃、石油烃等有机污染物，重点监管有色金属矿采选、有色金属冶炼、石油开采、石油加工、化工、焦化、电镀、制革等行业。基于以上政策要求，本研究选取石油加工行业、焦化行业、金属冶炼行业、制革行业、石油开采行业、有色金属矿采选行业、电镀行业、化工行业及农药行业作为重点行业场地特征污染物研究对象，通过实地调研和现场监测等手段，选取其中的石油加工行业、焦化行业和金属冶炼行业对相应的重点行业场地土壤特征污染物清单进行验证和补充。

2.3 重点行业场地特征污染物调查与筛选技术

2.3.1 重点行业特征污染物清单Ⅰ的确定——资料收集

本研究所指的特征污染物，是指重点行业项目实施后排放污染物中能够反映本行业所排放污染物中有代表性的部分，主要是项目实施后可能导致潜在污染或对周边环境保护目标产生影响的特有污染物。该类污染物能够表征此行业的污染特点和程度，通常可以理解为排放量较多的污染物，其所指在同一行业中由于生产工艺、产品有所不同也是可以不同的。

通过广泛的渠道进行资料收集和完善以及广泛调研本研究九大重点行业特征污染物的已有资料，得到本研究重点行业特征污染物清单Ⅰ，主要渠道有图书馆、电子数据库、我国各部委官方网站公布的标准和规范（国家/地方/行业标准），已公开发表的国内外科技期刊论文、学术会议研究成果、研究报告等权威性资料和未公开的项目/课题结题报告、技术政策、行业报告、统计数据，以及“十一五”“十二五”关于重点行业特性污染物的研究成果等。

本研究确定资料收集的原则如下：

（1）重点收集国家官方网站等公开发布的标准和规范；

（2）重点收集国内外具有权威性的有关目标行业特征污染物的论文；

（3）在特征污染物的筛选上，以优先控制污染物为先；

（4）在资料收集的过程中注重时间的连贯性。

2.3.2 重点行业特征污染物清单Ⅱ的确定——现场考察

首先，通过对重点行业企业进行充分调研，包括企业规模、年度原辅材料使用量、年度污染物产排量、产值等指标，结合同地方生态环境局的沟通情况和权威考量，对重点行业目标企业进行筛选，确定九大重点行业拟关注企业清单。其次，通过对选定企业的现场考察，完成相关信息的收集与分析，构建与企业生产过程及污染物处理、排放过程密切相关的污染物数据库，进而汇总完成重点行业特征污染物清单Ⅱ。

对选定调研企业进行现场考察时，工作内容主要分为 3 部分，分别是资料收集、现场考察和产排污状况分析。具体工作流程见图 2-2。

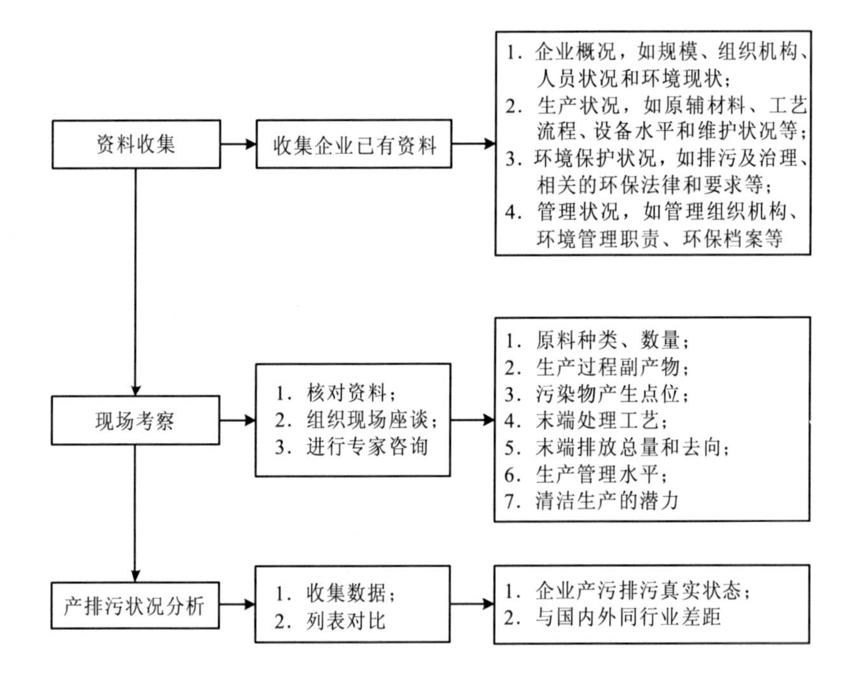

图 2-2 现场考察流程

（1）资料收集

现场收集目标企业清洁生产审核报告、企业环评报告、企业“三废”排放检测报告。通过汇总、整理和分析主要了解以下信息：

①企业概况，如企业名称、所属行业、地址、组织机构代码、法人、年工业总产值、人员状况；

②生产状况，如原辅材料、工艺流程、设备水平和维护状况等；

③环境保护状况，如排污及治理、相关的环保法律和要求等；

④清洁生产工作推进状况，如清洁生产审核中低费/高费方案设置和实施情况；

⑤企业涉及的有关环保法规与要求，如排污许可证、区域总量控制、行业排放标准等；

⑥管理状况，如管理组织机构、环境管理职责、环保档案等。

（2）现场考察

现场采用专家咨询、人员访谈、现场考察的方式，对企业的原料库—生产线—产品—末端污染物处理及排放全流程进行现场考察。现场考察要重点关注以下环节：

①原料（有机物类）的使用种类、数量；

②生产过程中副产物（有机物类）；

③生产过程中涉及污染物产生的点位，包括污染物状态、种类、总量、毒性等；

④末端污染物处理工艺，包括处理方法、效果、问题及单位产品废弃物的年处理费等；

⑤末端污染物排放状况，包括排放总量、主要污染物、排放去向等；

⑥生产管理水平；

⑦清洁生产的潜力。

（3）产排污状况分析

通过对比资料，分析企业产排污真实状态及与国内外同行业差距等。

本研究实地考察了九大重点行业典型工业厂区，收集土壤自查报告、环评报告，了解并明确厂区相关状况，综合筛选和汇总现场考察中得到的重点行业在原辅材料使用、过程反应、末端处理等全过程中所涉及的对环境存在潜在风险或对周边环境产生影响的污染物集合，主要包括以下几个方面：

①原辅材料中使用的化合物种类；

②生产工艺流程（其中包括主反应、副反应）中可能产生的副产品和中间产物；

③企业生产产品中存在的化合物种类；

④污染物处理设施入口、出口的特征污染物；

⑤易发事故等非正常工况下排放的污染物。

汇总以上结果，形成重点行业特征污染物清单Ⅱ。

2.3.3 重点行业特征污染物清单Ⅲ的确定——基于ICP-MS、GC-QTOF、LC-QTOF的筛查

重点行业特征污染物清单Ⅲ主要是通过现场采集样品，进行半定量分析、可疑物筛查和非靶标筛查来确定的。现场调研流程见图2-3。本研究实地考察了石油加工、焦化和金属冶炼3个典型的工业厂区，采集现场实际样品并对其分别进行电感耦合等离子体质谱仪（ICP-MS）、气相色谱—四极杆飞行时间质谱仪（GC-QTOF）和超高效液相色谱—四极杆飞行时间质谱仪（LC-QTOF）的高通量筛查，筛选出匹配度高的污染物，结合已有资料分析，最终选入行业特征污染物清单Ⅲ。

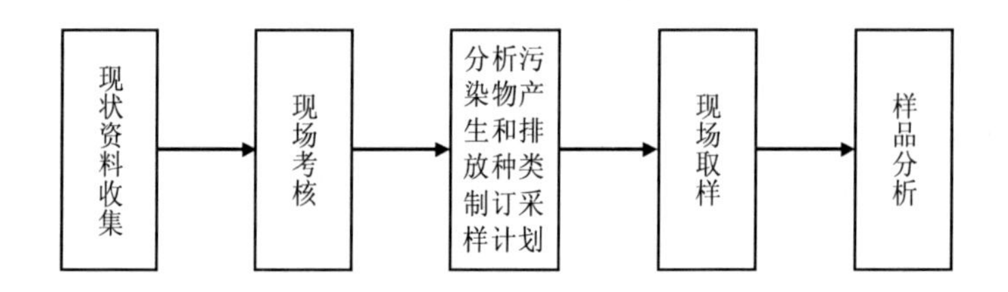

图2-3 现场调研流程

2.3.3.1 基于ICP-MS半定量分析完成重点行业特征污染物清单Ⅲ

ICP-MS通过高速顺序扫描分离所有离子，可在 m/e 2～240内以10～100 μs高速扫描，检出限达0.01 ng/mL[1]。半定量分析充分利用了这一特性，在半定量模式下，质谱仪将快速扫描整个质量范围，检测所有可能存在的元素或同位素响应，再根据已知的部分重金属元素浓度的半定量标准样品，使用半定量响应因子曲线来推算整个质量范围中各个元素当前的灵敏度，以此进行未知样品浓度的推算，大多数元素的测定误差不超过20%。该技术具有测定速度快、相对误差小、可同时测量多元素的优点[2-4]，因而被广泛应用于环境应急监测、环境样品分析和

食品分析领域。

（1）前处理方法

开展实地调研分析并采集土壤样品。在各个生产工艺环节周边使用木铲挖取 0～10 cm 的表层土壤，用聚乙烯自封袋封装之后，低温运送回实验室。经风干或者冷冻干燥后研磨过 100 目尼龙筛，称取 0.1～0.5 g 研磨过筛后的土壤样品置于微波消解管中，加入 5 mL 硝酸、2 mL 氢氟酸、2 mL 盐酸、1 mL 双氧水于微波消解仪中消解，微波消解仪的消解功率为 1 600 W，先经 10 min 升温至 120℃保持 5 min，再经 10 min 升温至 160℃保持 10 min，最后经 10 min 升温至 190℃保持 40 min。待消解完毕，取出消解管置于赶酸仪中，加入 1 mL 高氯酸升温至 180℃赶酸，赶至尽干，冷却后用超纯水定容至 100 mL 摇匀，使用 0.45 μm 滤膜过滤后，上机进行分析测试。

（2）仪器分析

选择安捷伦电感耦合等离子体质谱仪（Agilent 7800，ICP-MS）对所采集的土壤样品进行分析。点燃等离子体火焰后，仪器预热稳定 30 min，用质谱仪调谐液对仪器的灵敏度、氧化物、双电荷进行调谐，在仪器的灵敏度、氧化物、双电荷满足要求的条件下，质谱仪给出的调谐溶液中所含元素信号强度的相对偏差≤5%，在涵盖待测元素的质量数范围内进行质量校正和分辨率校验，质量校正结果与真实值的偏差不应该超过±0.1 u，调谐元素信号的分辨率在 10%峰高处所对应的峰宽不应该超过 0.6～0.8 u。仪器调谐合格建立方法，设置采集参数，仪器功率设置为 1 240 W，使用耐高盐雾化器或者依据样品基质进行选择雾化器，载气流量为 1.10 L/min，如需使用稀释气则根据比例调整，使稀释气与载气流量和为 1.10 L/min，采样深度为 6.9 mm，设置重复采集 3 次，选取土壤中基本不包含的元素作为内标元素进行分析测定，在 He 模式下对元素周期表样品进行全部检测，配制一个标准溶液作为参照。

（3）鉴定分析

根据样品采集结束后仪器给出的 CPS（每秒计数值）对应各质量数不同的元素，也可根据一个标准溶液采集结果的 CPS 确定待测样品中包含的元素以及元素大致含量。

2.3.3.2 基于 GC-QTOF 完成重点行业特征污染物清单Ⅲ

GC-QTOF 的全扫描筛查技术作为一种新型的分析技术[5,6]，近些年逐渐被应用到环境监测和分析中，其在环境分析中应用的便利性和快捷性引起越来越广泛的关注。该技术有飞行时间质谱和串联质谱两种检测方式，同时又结合气相色谱的分离，可以有效减少干扰信号，能够实现高精确度、高灵敏度以及高分辨率，以较低的检出限，快速有效且准确地识别样品中所含有的大量化学物质，还可以实现低丰度未知组分的检测，显著提高定性分析的可靠度，实现由有目标物质检测向无目标物质检测的转变。该技术不受限于特定的污染物，可以分析出更全面的污染物信息。

（1）前处理

开展实地调研并采集土壤样品。在各个工艺环节周边使用木铲挖取 0～10 cm 的表层土壤，用避光棕色玻璃瓶封装之后，低温运送回实验室。经冷冻干燥 48 h 后研磨，将研磨后的 10.0 g 土壤样品和 10.0 g 无水硫酸钠进行加压流体萃取，用体积比为 1∶1 的正己烷和二氯甲烷提取萃取液，设置温度为 100℃并静态提取 5 min。之后将提取液浓缩至 1～2 mL 后加入 5 mL 正己烷，再浓缩至 1 mL，使用 0.22 μm 滤膜过滤后，上机进行分析测试。

（2）仪器分析

仪器选择安捷伦气相色谱—四极杆飞行时间质谱仪（Agilent 7890B，7250GC-QTOF），对所采集的土壤样品进行分析。仪器的参数条件如下：进样模式为不分流，进样体积为 1 μL；进样口温度为 70℃（保持时间是 1 min），以 750℃/min 的速度将温度升至 300℃；色谱柱选择 2 根 HP-5ms 15 m×0.25 mm×0.25 μm，使用反吹 PUU 接口串联；柱流速选择恒流模式，速度为 1 mL/min 左右；柱箱程序：起始温度 60℃（保持 1 min），以 40℃/min 升至 120℃，后以 5℃/min 升至 310℃（保持 15 min）。质谱采集模式：TOF 全扫描模式或 MRM 模式；离子源温度设置为 200℃；离子源电离模式为 EI，70 eV；四极杆温度设置为 150℃。

（3）数据分析

本研究的数据流程分析分两种，第一种是 GC-QTOF 的可疑物筛查技术，使用的是高分辨率数据库（PCDL）；第二种是 GC-QTOF 的非靶标筛查技术，使用的是 NIST 数据库，详细参数设置以及流程如下：

①基于高分辨质谱数据库（PCDL）的可疑物筛查

应用安捷伦 MassHunter Quantitative Software（B.10.01）软件，按照精确质量数提取筛查流程进行可疑物筛查。在软件中设置筛查主要参数时至少要有两个离子满足筛查的要求（离子质量偏差在 5 ppm①以内，共流出得分在 70%以上，信噪比≥3），保留时间偏差在 0.15 min 以内，数据库最小匹配得分为 80%。本研究中高分辨质谱数据库（PCDL）含常见的 SVOCs、农药类、多环芳烃、联苯类等化合物。筛查原则参考欧盟健康与食品安全总署发布的食品饲料中农药残留分析的质量控制和方法确认指导文件（SANTE/11813/2019）[7]。

②基于 NIST 数据库进行全扫描非靶标筛查

在 Unknowns Analysis 软件中处理 GC-QTOF 全扫描数据，利用 Suremass 解卷积功能找到化合物信息后再与 NIST 质谱数据库匹配，通过匹配得分、保留指数、精确质量数偏差、质谱图和基峰与次基峰的比值等信息进一步确定。

2.3.3.3　基于 LC-QTOF 完成重点行业特征污染物清单Ⅲ

LC-QTOF 可以分别通过多目标未知物筛查流程和完全未知物筛查流程开展全面的未知物鉴定工作。该技术具有分析速度快、灵敏度高、分辨率高、质量范围宽、质量测量精度高（精确至小数点后第四位）、稳定性好、重复性佳等优点，还具有极强的排除干扰组分的能力和鉴别目标化合物的能力[8]，被广泛应用于农业、制药业等代谢组学研究中，近年来在大热的环境新污染物鉴定筛查领域也同样发挥着重要作用。

质谱配有电喷雾离子源（ESI）和大气压化学电离源（APCI），能够实现离子源便捷切换，匹配正、负离子模式，能够在 4 种设置条件下对样品进行全方位的非靶向筛查，进而得出全面的检测结果，用以支撑重点行业特征污染物清单Ⅲ的确定。

① ppm=10^{-6}。

（1）前处理

开展实地调研分析并采集土壤样品。在各个工艺环节周边使用木铲挖取 0～10 cm 的表层土壤，用避光棕色玻璃瓶封装后，低温运送回实验室。经冷冻干燥 48 h 后研磨，将研磨后的 10.0 g 土壤样品和 10.0 g 无水硫酸钠进行加压流体萃取，用体积比为 1∶1 的正己烷和丙酮提取萃取液，设置温度为 100℃并静态提取 5 min。之后将提取液浓缩至 1～2 mL 后加入 5 mL 甲醇，再浓缩至 1 mL，使用 0.22 μm 滤膜过滤。浓缩试样用甲醇稀释 10 倍，待上机进行分析测试。

（2）仪器分析

仪器选择安捷伦超高效液相色谱—四极杆飞行时间质谱仪（Agilent 1290，6545 LC-QTOF），对所采集的土壤样品进行分析。仪器的参数条件如下：进样体积 2 μL；自动进样器温度 4℃；色谱柱选择 C_8 3.0×100 mm×1.8 μm，柱温箱 40℃；流速 0.4 mL/min；正离子模式流动相：A 0.1%甲酸+2 mmol/L 乙酸铵水溶液，B 甲醇；负离子模式流动相：A 2 mmol/L 乙酸铵水溶液，B 甲醇。质谱源参数：离子源选择 ESI/APCI；离子模式：正/负；干燥气温度 250℃；干燥气流速：7 L/min（ESI），5 L/min（APCI）；雾化气：30 psi[①]（ESI），45 psi（APCI）；鞘气温度：350℃；雾化器温度：350℃；毛细管电流：5 μA（正），15 μA（负）；毛细管电压：3 500V；碰撞解离电压：130 V；质量范围：100～1 000 *m*/*z*。

（3）鉴定分析

本研究 LC-QTOF 的鉴定分析流程见图 2-4。通过二级质谱扫描模式同时完成对实际样品的一级、二级质谱数据采集；依据数据库，按精确分子量、同位素分布（丰度及间距）和保留时间提取化合物；对于谱库中无标准谱图的物质，用结构解析软件 MSC 进行结构推测与确认；最终得到筛查结果。

① psi=0.155 cm^{-2}。

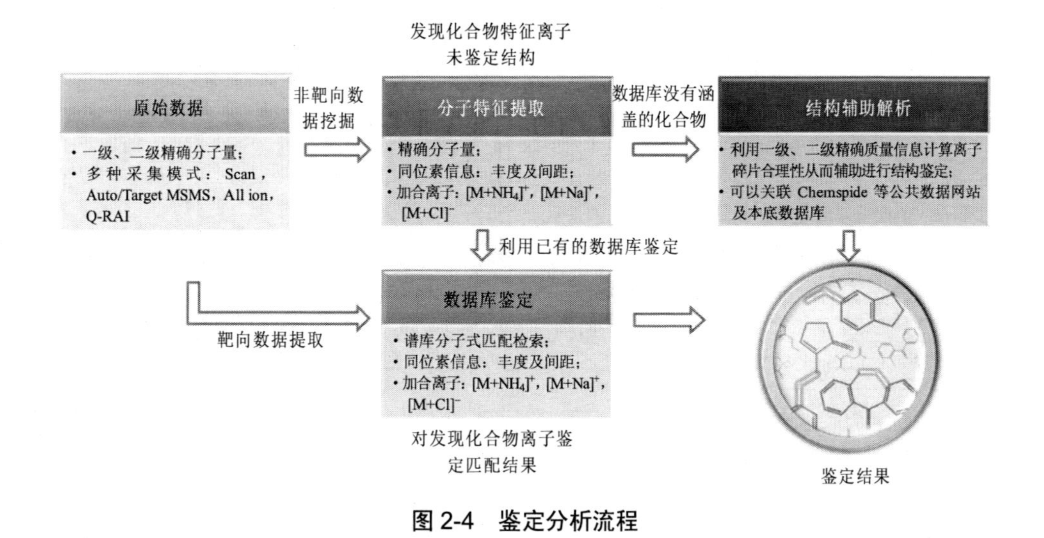

图 2-4　鉴定分析流程

2.4　重点行业场地特征污染物清单的汇总和确定

首先选择具有代表性的重点行业，在充分调研行业文献、资料的基础上，从各行业主流生产工艺出发，从全过程研究重点行业原辅材料、产排污环节、产排量以及特征污染物等情况，综合考虑原辅材料、中间物质、产品、水处理设施用料、工艺废水污染物、易发事故下产生的污染物等因素，结合污染物产生时的各环节点位，运用气相色谱—四极杆飞行时间质谱（GC/QTOF-MS）的可疑物筛查技术和非靶标筛查等技术，通过综合分析，形成“行业特征污染物清单”。

总体来说，分析并汇总通过资料收集所确定的特征污染物清单Ⅰ、通过现场考察各调研企业确定的特征污染物清单Ⅱ、通过对各调研企业采样并筛查测试确定的特征污染物清单Ⅲ的结果，合并重叠污染物，最终得到“重点行业特征污染物清单”。重点行业特征污染物清单筛选技术路线见图 2-5。

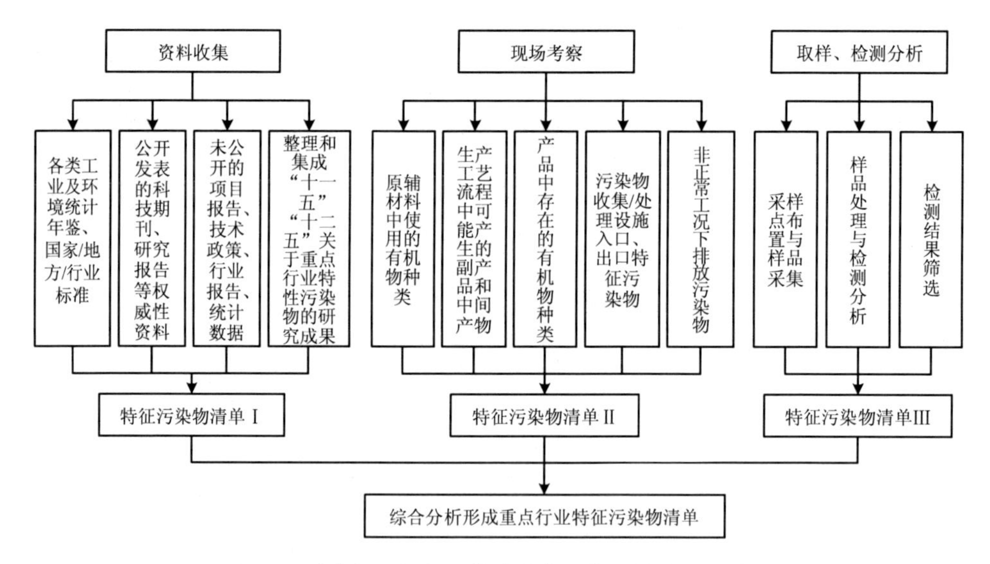

图 2-5 重点行业特征污染物清单调查和筛选技术路线

第 3 章　九大重点行业场地土壤特征污染物清单编制

3.1　石油加工行业

3.1.1　石油加工行业特征污染物清单 I

通过石油加工行业的资料收集，包括排放标准 5 份——《石油化学工业污染物排放标准》（GB 31571—2015）、《石油炼制工业污染物排放标准》（GB 31570—2015）、《炼油与石油化学工业大气污染物排放标准》（DB 11/447—2015）、《土壤环境质量　建设用地土壤污染风险管控标准（试行）》（GB 36600—2018）、《清洁生产标准　石油炼制业》（HJ/T 125—2003），技术规范 2 份——《建设项目竣工环境保护设施验收技术规范　石油炼制》（HJ 405—2021）、《石油炼制工业废水治理工程技术规范》（HJ 2045—2014），技术指南 2 份——《排污单位自行监测技术指南　石油炼制工业》（HJ 880—2017）、《污染源源强核算技术指南　石油炼制工业》（HJ 982—2018），以及《全国土壤污染状况调查公报》《土壤污染重点行业企业筛选原则》《环境影响评价技术导则（石油化工建设项目）》（HJ/T 89—2003）等标准和 70 余篇国内外发表的中文核心期刊及 SCI 文献。整理汇总得到该行业特征污染物清单 I，如表 3-1 所示，共 304 种特征污染物，包括重金属（13 种）、石油烃（16 种）、多环芳烃及其衍生物（55 种）、烃类及其衍生物（32 种）、邻苯二甲酸酯类（21 种）、苯系物（23 种）、杂环化合物（13 种）、多氯联苯（1 种）、多溴联苯（1 种）、有机氯（6 种）、有机磷（3 种）、酚类（9 种）、腈类（2 种）、胺类（10 种）、酯类（4 种）、菊酯类（1 种）、醇类（4 种）、醛类（6 种）、酮类（5 种）、有机酸类（5 种）、无机酸类（8 种）、无机盐（7 种）、氧化物（11 种）、硫化物（4 种）、醚类（3 种）、二噁英类（1 种）、非金属单质（9 种）、有机金属类（5 种）以及其他污染物（26 种）。

清单 I 表明，石油加工行业的土壤环境污染以有机污染物为主，其中苯系物、多环芳烃类（PAHs）、烃类及其衍生物和石油烃（TPH）污染物占比较大，这类污染物相当一部分具有致癌、致畸、致突变的作用，可持续存在于环境当中，随食物链传递，对不同生物及环境介质引起毒性效应[9,10]。因此，对于石油化工行业，这类污染物的管控亟须解决。

表 3-1 石油加工行业特征污染物清单 I

类别	特征污染物	个数
重金属	铜、锌、锰、铅、镉、镍、汞、铬、三价铬、六价铬、锑（Sb）、铁、钙	13
石油烃	总石油烃、总石油烃（脂肪烃＞8～10 碳）、总石油烃（脂肪烃＞6～8 碳，正己烷含量＞53%）、总石油烃（脂肪烃＞6～8 碳）、总石油烃（脂肪烃＞5～6 碳，正己烷含量＞53%）、总石油烃（脂肪烃＞5～6 碳）、总石油烃（脂肪烃＞21～34 碳）、总石油烃（脂肪烃＞16～21 碳）、总石油烃（脂肪烃＞12～16 碳）、总石油烃（脂肪烃＞10～12 碳）、总石油烃（芳香烃＞8～10 碳）、总石油烃（芳香烃＞5～7 碳）、总石油烃（芳香烃＞21～35 碳）、总石油烃（芳香烃＞16～21 碳）、总石油烃（芳香烃＞12～16 碳）、总石油烃（芳香烃＞10～12 碳）	16
PAHs 及其衍生物	苊、苊烯、蒽、芴、芘、䓛、萘、菲、苯并[*a*]蒽、苯并[*a*]芘、苯并[*a*]芴、苯并[*a*]荧蒽、苯并[*b*]䓛、苯并[*b*]芴、苯并[*b*]荧蒽、苯并[*c*]菲、苯并[*c*]芴、萘并[*e*]芘、茚、茚并[1,2,3-*cd*]芘、荧蒽、苯并[*g,h,i*]芘、苯并[*g*]䓛、苯并芴、苯并[*g,h,i*]荧蒽、苯并[*j*]荧蒽、苯并[*k*]荧蒽、苯并[*l*]醋蒽烯、2-苯基荧蒽、萘并[1,2-*b*]荧蒽、二苯并[*a,c*]蒽、二苯并[*a,e*]芘、二苯并[*a,h*]蒽、二苯并[*a,j*]蒽、二苯并[*e,l*]芘、二苯并[*a,e*]荧蒽、1,3-二硝基芘、1,6-二硝基芘、11*H*-苯并[*bc*]醋蒽烯、13*H*-二苯并[*a,g*]芴、二苯并[*h*，*rst*]戊芬、1-甲基菲、1-甲基䓛、2-甲基䓛、2-甲基荧蒽、2-硝基芘、3-甲基䓛、3-甲基荧蒽、3-硝基芘、3-硝基荧蒽、6-硝基苯并[*a*]芘、5-甲基䓛、4-甲基䓛、苯并[9,10]菲、氯萘	55
多氯联苯（PCBs）	四氯联苯	1
多溴联苯	2,2′,3,3′,5,5′-六溴联苯	1

类别	特征污染物	个数
邻苯二甲酸酯类（PAEs）	邻苯二甲酸丁基苄酯、邻苯二甲酸二（2-甲氧基乙基）酯、邻苯二甲酸二（2-乙基己）酯、邻苯二甲酸二苯甲酯、邻苯二甲酸二苯酯、邻苯二甲酸二丙烯酯、邻苯二甲酸二丙酯、邻苯二甲酸二癸酯、邻苯二甲酸二环己酯、邻苯二甲酸二甲酯、邻苯二甲酸二壬酯、邻苯二甲酸二戊酯、邻苯二甲酸二乙酯、邻苯二甲酸二异丁酯、邻苯二甲酸二异癸酯、邻苯二甲酸二异壬酯、邻苯二甲酸二异辛酯、邻苯二甲酸二正丁酯、邻苯二甲酸二正己酯、邻苯二甲酸二正辛酯、1,2-苯二甲酸癸基辛基酯	21
苯系物	苯、甲苯、间二甲苯、对二甲苯、邻二甲苯、乙苯、氯苯、1,2-二氯苯、1,4-二氯苯、4-硝基甲苯、4-硝基联苯、4-氯甲苯、正丙苯、异丙苯、溴苯、叔丁基苯、偶氮苯、*p*-硝基氯苯、苯乙烯、三氯苯、联苯、二甲苯、邻氯硝基苯	23
有机氯	*α*-六六六、*β*-六六六、*γ*-六六六、滴滴涕、七氯、灭蚁灵	6
有机磷	敌敌畏、乐果、辛硫磷	3
酚类	2,4,5-三氯酚、2,4,6-三氯酚、2,4-二甲苯酚、2,4-二硝基苯酚、2-氯苯酚、4-硝基苯酚、硝基苯酚、二甲基苯酚、挥发性酚	9
腈类	二溴乙腈、乙腈	2
胺类	苯胺、邻甲苯胺、2,6-二氯-4-硝基苯胺、4-硝基苯胺、4-氯苯胺、3-硝基苯胺、2-氯苯胺、2-硝基-1,4-苯二胺、硫化二苯胺、间苯二胺	10
烃类及其衍生物	甲烷、1,3-丁二烯、1-溴-3-氯丙烷、正丁烷、正己烷、正戊烷、异戊烷、异丁烷、一氯二溴甲烷、二氯一溴甲烷、二氯甲烷、乙烯、丙烯、环己烷、溴甲烷、溴乙烷、氯丙烯、氯丁二烯、二氯乙炔、环氧乙烷、环氧丙烷、二氯氟甲烷、硝基甲烷、溴乙烯、乙炔、丁烯（所有异构体）、偏氟乙烯、一氟二氯乙烷、溴仿、1,2-二氯乙烯、1,1,2-三氯丙烷、四氯化碳	32
酯类	2-甲氧基乙酸乙酯、丙烯酸乙酯、乙酸乙烯酯、甲苯二异氰酸酯	4
菊酯类	三氟氯氰菊酯	1
醇类	甲醇、乙二醇、2-乙氧基乙醇、环己醇	4
醛类	甲醛、乙醛、丙烯醛、戊二醛、三氯乙醛、2,3-环氧丙醛	6
酮类	丙酮、2-丁酮、4-甲基-2-戊酮、异佛尔酮、米托蒽醌	5
酸类（有机酸）	己酸、氯乙酸、二氯乙酸、苯甲酸、二溴乙酸	5
酸类（无机酸）	磷酸、氟化氢、硫酸、硝酸、氢氰酸、铬酸雾、硫酸雾、砷酸	8
无机盐	亚硝酸钠、磷铵、硝酸铅、硫酸盐、氯化钙、氟化钙、砷化镓	7

类别	特征污染物	个数
氧化物	三氯化铝、四氧化三铅、三氧化二铁、氧化镁烟气、三氧化二锑、氧化铝、二氧化硅、二氧化钛、二氧化硫、一氧化碳、二氧化碳	11
硫化物	硫化锑、硫化氢、二硫化碳、硫化羰	4
醚类	对硝基苯甲醚、甲基叔丁基醚、二苯醚	3
二噁英类	二苯并对二噁英	1
杂环化合物	二苯并[*a*,*h*]吖啶、苯并[*a*]吖啶、苯并[*c*]吖啶、苯并[*b*]萘并[2,1-*d*]噻吩、二苯并噻吩、吡啶、苯并呋喃、二苯并呋喃、五氯二苯并呋喃、*N*-亚硝基假木贼碱盐酸、酚酞、甲肼、丁二酸酐	13
非金属单质	砷、硅、硒（Se）、氟、氰、硼、氮、磷、红磷	9
有机金属类	甲基汞、乙基汞、四乙基铅、羰基镍、碳化钨	5
其他	非甲烷总烃、氯化氢、溴化氢、氯气、烧碱石棉、矿油精、煤焦油沥青、石英粉、润滑油基础油、白色矿物油、化学需氧量、粉尘、动植物油、蛋白质、沸石、重质烷基化石脑油、加氢轻馏分、加氢处理的重石脑油、溶剂石脑油中等脂肪族、溶剂石脑油轻质脂肪族、PA-100 沥青、重芳烃溶剂石脑油、轻质芳烃溶剂石脑油、氨、氨氮、铋锭	26
合计		304

3.1.2 石油加工行业特征污染物清单Ⅱ

石油加工常用工艺[11]流程见图 3-1。原油通常经过预处理，在常减压蒸馏前预先进行脱盐脱水；催化重整是在催化剂和氢气作用下将轻汽油转化为含芳烃较高的汽油的过程，且会产生大量的本系列产品；其中蜡油和渣油进入催化裂化环境，经脱硫制造汽油，经柴油加氢制造柴油；糠醛精制通过加氢、溶剂脱蜡、白土补充精制等工艺，实现润滑油基础油的制取；延迟焦化则是另一种应用范围广、对原料品质要求低的处理工艺，焦化汽油和焦化柴油是延迟焦化的主要产品；溶剂脱沥青是通过萃取除去胶质和沥青，进而制取石油沥青的精制过程。

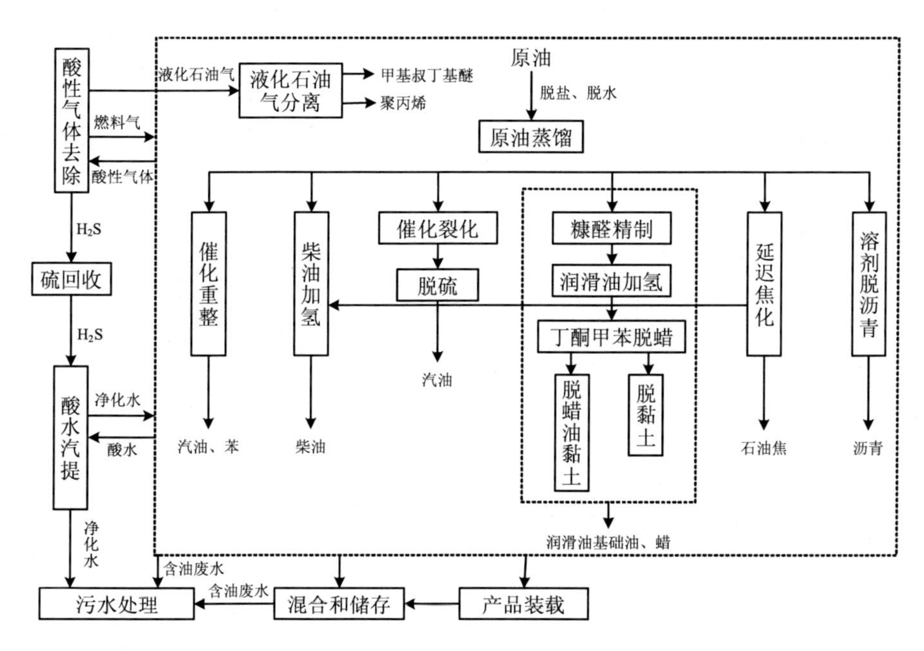

图 3-1　石油加工行业工艺流程

通过了解石油加工现场使用原辅材料、生产工艺流程中可能产生的中间产物、产品自身存在的污染物、环境影响评价报告、清洁生产报告、土壤环境质量调查报告以及土壤和地下水自行监测报告等资料，对企业进行全面分析，整理汇总得到该行业特征污染物清单Ⅱ。如表 3-2 所示，共 282 种特征污染物，包括石油烃（16 种）、多环芳烃及其衍生物（49 种）、烃类及其衍生物（48 种）、苯系物（19 种）、重金属（11 种）、邻苯二甲酸酯类（22 种）、有机氯（6 种）、有机磷（2 种）、多氯联苯（1 种）、酚类（18 种）、腈类（3 种）、胺类（9 种）、酯类（7 种）、菊酯类（1 种）、醇类（3 种）、醛类（1 种）、酮类（1 种）、有机酸类（6 种）、无机酸类（7 种）、无机盐（7 种）、氧化物（9 种）、硫化物（3 种）、醚类（1 种）、杂环化合物（9 种）、非金属单质（6 种）、有机金属类（1 种）、双酚类（1 种）以及其他污染物（15 种）。

表 3-2　石油加工行业特征污染物清单Ⅱ

类别	特征污染物	个数
重金属	铜、锌、锰、铅、镉、镍、汞、六价铬、锑（Sb）、铁、钙	11
石油烃	总石油烃、总石油烃（脂肪烃＞8～10 碳）、总石油烃（脂肪烃＞6～8 碳，正己烷含量＞53%）、总石油烃（脂肪烃＞6～8 碳）、总石油烃（脂肪烃＞5～6 碳,正己烷含量＞53%）、总石油烃（脂肪烃＞5～6 碳）、总石油烃（脂肪烃＞21～34 碳）、总石油烃（脂肪烃＞16～21 碳）、总石油烃（脂肪烃＞12～16 碳）、总石油烃（脂肪烃＞10～12 碳）、总石油烃（芳香烃＞8～10 碳）、总石油烃（芳香烃＞5～7 碳）、总石油烃（芳香烃＞21～35 碳）、总石油烃（芳香烃＞16～21 碳）、总石油烃（芳香烃＞12～16 碳）、总石油烃（芳香烃＞10～12 碳）	16
PAHs 及其衍生物	苯并[*a*]蒽、苯并[*a*]芘、苯并[*b*]荧蒽、苯并[*k*]荧蒽、二苯并[*a,h*]蒽、茚并[1,2,3-*cd*]芘、苊烯、苊、芴、菲、蒽、荧蒽、芘、苯并[*g,h,i*]苝、䓛、萘、苯并芴、苯并[*j*]醋蒽烯、苯并[*c*]菲、苯并[*j*]荧蒽、二苯并[*a,h*]芘、二苯并[*a,i*]芘、2-苯基荧蒽、苯并[*a*]芴、苯并[*b*]䓛、苯并[*b*]芴、苯并[*c*]芴、萘并[*e*]芘、苯并[*g,h,i*]荧蒽、苯并[*g,h,i*]苝、二苯并[*a,j*]蒽、二苯并[*e,l*]芘、1-甲基䓛、2-甲基䓛、3-甲基䓛、4-甲基䓛、6-甲基䓛、2-甲基荧蒽、3-甲基荧蒽、1-甲基菲、萘并[1,2-*b*]荧蒽、萘并[2,1-*a*]荧蒽、萘并[2,3-*e*]芘、3-硝基苝、苯并[*a*]荧蒽、茚、二苯并[*a,c*]蒽、苯并[*g*]䓛、环戊二烯并[*c,d*]芘	49
PCBs	四氯联苯	1
PAEs	邻苯二甲酸二（2-乙基己）酯、邻苯二甲酸二正丁酯、邻苯二甲酸二异丁酯、邻苯二甲酸二甲酯、邻苯二甲酸二乙酯、邻苯二甲酸二环己酯、邻苯二甲酸酐、邻苯二甲酸二异壬酯、邻苯二甲酸二异癸酯、邻苯二甲酸丁基苄酯、邻苯二甲酸二正辛酯、邻苯二甲酸二异辛酯、邻苯二甲酸二戊酯、邻苯二甲酸二丙酯、邻苯二甲酸二壬酯、邻苯二甲酸二苯甲酯、邻苯二甲酸二苯酯、邻苯二甲酸二正己酯、邻苯二甲酸二（2-甲氧基乙基）酯、邻苯二甲酸二丙烯酯、1,2-苯二甲酸癸基辛基酯、邻苯二甲酸二癸酯	22
苯系物	六氯苯、硝基苯、二萘嵌苯、1,3,5-三甲基苯、苯、4-硝基联苯、硝基甲苯、联三甲苯、*p*-硝基氯苯、4-硝基甲苯、4-氯甲苯、2-硝基甲苯、2,4,6-三硝基甲苯、三甲苯、二甲苯、二氯甲基苯、三氯甲苯、氯化苄、苯甲酰氯	19
有机氯	滴滴涕、七氯、*α*-六六六、*β*-六六六、*γ*-六六六、灭蚁灵	6
有机磷	敌敌畏、乐果	2
酚类	4-甲酚、2-甲酚、2,4-二氯苯酚、2,4-二甲基苯酚、2,4-二硝基苯酚、苯酚、4-硝基苯酚、3-甲酚、2-硝基苯酚、2,6-二氯苯酚、2,4,6-三氯苯酚、硝基苯酚、二甲基苯酚、2,4,5-三氯酚、2,4,6-三氯酚、2-氯苯酚、2,4-二甲苯酚、挥发性酚	18

类别	特征污染物	个数
腈类	二溴乙腈、丙烯腈、乙腈	3
胺类	苯胺、2-氯苯胺、邻甲苯胺、3-硝基苯胺、2,6-二氯-4-硝基苯胺、丙烯酰胺、4-硝基苯胺、4-氯苯胺、2-硝基苯胺	9
烃类及其衍生物	丙烷、环氧氯丙烷、六氯丁二烯、甲烷、丁烯（所有异构体）、溴乙烯、乙炔、1,2-二氯乙烯、氯仿、1,1-二氯乙烷、乙烯、丙烯、反-1,2-二氯乙烯、乙烷、1,1,1,2-四氯乙烷、溴仿、正丁烷、正戊烷、异戊烷、正己烷、异丁烷、一氯二溴甲烷、二氯一溴甲烷、二氯甲烷、1,2-二氯乙烷、1,1,1-三氯乙烷、五氯丙烷、氯乙烯、三氯乙烯、四氯乙烯、1,1-二溴乙烯、1,2-二溴乙烯、环己烷、溴甲烷、溴乙烷、1,3-丁二烯、氯丙烯、氯丁二烯、二氯乙炔、环氧乙烷、环氧丙烷、1,2-二氯丙烷、1,2-二氯乙烯、二氯氟甲烷、六氯乙烷、溴氯甲烷、1-溴-3-氯丙烷、1,1,2-三氯丙烷	48
酯类	异佛尔酮二异氰酸酯、乙酸乙烯酯、甲基丙烯酸甲酯、异氰酸甲酯、甲苯二异氰酸酯、硫酸二甲酯、2-甲氧基乙酸乙酯	7
菊酯类	甲氰菊酯	1
醇类	1,3-二氯-2-丙醇、环己醇、2-甲氧基乙醇	3
醛类	苯甲醛	1
酮类	4-甲基-2-戊酮	1
酸类（有机酸）	二溴乙酸、丙烯酸、环烷酸、三氯乙酸、二氯乙酸、氯乙酸	6
酸类（无机酸）	磷酸、氟化氢、硫酸、硝酸、砷酸、铬酸雾、硫酸雾	7
无机盐	亚硝酸钠、磷铵、氯化钙、硫酸钴（七水）、硫酸盐、氟化钙、砷化镓	7
氧化物	氧化铝、一氧化铅、四氧化三铅、二氧化硫、一氧化碳、二氧化氯、三氧化二铁、三氧化二锑、二氧化碳	9
硫化物	硫化氢、二硫化碳、硫化羰	3
醚类	二苯醚	1
杂环化合物	二苯并呋喃、苯并[*b*]萘并[2,1-*d*]噻吩、*N*-Nitrosoanabasine 盐酸、苯并呋喃、酚酞、2,3,4,7,8-五氯二苯并呋喃、甲肼、二苯并[*a,j*]吖啶、丁二酸酐	9
非金属单质	砷、硅、硒（Se）、氦、磷、红磷	6
有机金属类	乙酸铅	1
双酚类	四溴双酚 A	1
其他	氯化氢、溴化氢、氯气、杂酚油、石英粉、润滑油基础油、白色矿物油、化学需氧量、粉尘、动植物油、蛋白质、非甲烷总烃、水合肼、氨、氨氮	15
合计		282

从污染源的角度来说，生产装置区、油罐区和污水处理区都有一定的潜在污染风险。

从污染的途径分析：①生产车间，各个生产装置产生的废气、原料容易发生泄漏，对土壤造成严重污染；②油罐区，用于生产的原料以及生产所需的化学用品经长期堆放，通过尘降、逸散、撒漏以及人工搬运等方式，使原料直接进入土壤中，从而对土壤造成最直接的污染，且影响较为严重；③污水处理区，在处理生产污（废）水的过程当中，其管道可能有破裂，或者管道连接处有滴漏现象，污（废）水流入土壤，造成直接污染；④涉水辅助设施，事故池、排污管线一旦有裂缝，污（废）水同样会因为泄漏直接进入土壤造成污染。

从清单Ⅱ结果以及对厂区工艺环节考察的汇总（表 3-3）来看，污染物以苯系物、多环芳烃类（PAHs）、烃类及其衍生物和石油烃污染物为主，这类污染物种类多、分布广、结构复杂，而且毒性和“三致”作用强，可持续影响周围环境。

表 3-3 石油化工厂区潜在特征污染物识别汇总

区域		生产活动	涉及的主要物质	潜在特征污染物类型	污染途径
生产装置区		生产	燃料油、基质沥青、蜡油、溶剂油	TPH、多环芳烃	泄漏、遗撒
油罐区	原料油储罐组	存储	燃料油、基质沥青	TPH	泄漏、遗撒
	产品储罐组	存储	重交沥青、蜡油、燃料油、溶剂油	TPH	泄漏、遗撒
	中转重交沥青罐组	存储	重交沥青	TPH	泄漏、遗撒
污水处理区	污水站	污水处理	pH、COD、石油类、硫化物、氨氮、挥发酚、SS、盐类、BOD_5、动植物油	pH、TPH、多环芳烃、苯酚	泄漏
	危废间	危废暂存	含油污泥、废活性炭、在线监测废液	TPH、多环芳烃	泄漏、遗撒
涉水辅助设施	事故池	事故水暂存	事故废水	pH、TPH、多环芳烃、苯酚	泄漏
	排污管线	废水输送	pH、COD、石油类、硫化物、氨氮、挥发酚、SS、盐类、BOD_5、动植物油	pH、TPH、多环芳烃、苯酚	泄漏
其他辅助设施		办公、食堂等	COD、BOD_5、氨氮、动植物油、SS	pH	泄漏

3.1.3　石油加工行业特征污染物清单Ⅲ

研究区域如图 3-2 所示，位于湖北省中部荆门市的某炼油厂，该厂区拥有包括常减压蒸馏、催化裂化、柴油加氢、延迟焦化和污水汽提等炼油化工生产装置，是全国石油炼制和生产工艺流程最完整的企业之一。该厂目前原油加工能力为 600 万 t/a，是名副其实的大型原油加工炼制厂区，可作为石油加工行业的典型代表。

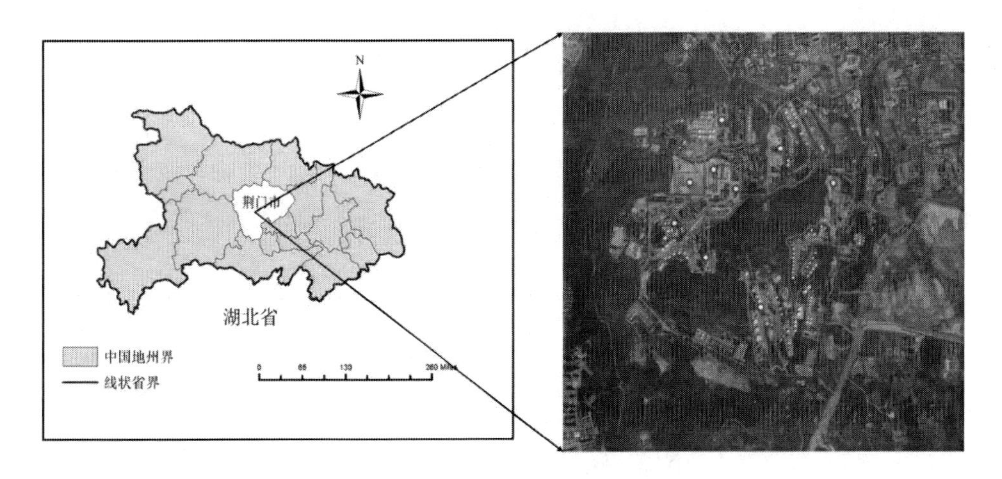

图 3-2　石油加工行业调研区域位置图

（1）基于 ICP-MS 的半定量分析

通过进行 ICP-MS 的半定量分析，共筛选出元素 21 种，分别为铜、锌、锰、钾、镁、钠、铍、钼、钴、铅、镉、砷、镍、汞、铬、锑、硅、钒、铊、铝和硒。

重点行业场地土壤重金属污染原因可能是机动车排放、工业废弃物和自然大气沉降，重金属因其生物难降解特点可通过食物链对人类健康造成威胁，进而影响生态系统整体功能[12,13]。

（2）基于 GC-QTOF 高分辨质谱数据库的可疑物筛查

通过使用 PCDL 数据库进行可疑物筛选，在所有土壤样品中共鉴定和确认了 111 种化合物，主要为多环芳烃、邻苯二甲酸酯类、苯系物和农药类污染物。

除 16 种优先多环芳烃外，在土壤样品中检测到的 9 种其他多环芳烃（1-甲基萘、苯并[*e*]芘、2-甲基萘、1,2-苯并[*a*]蒽、苯并[*J*]荧蒽、蒽、2,3,5-三甲基萘、1-甲基菲和䓛）也应当引起重视。这16种优先多环芳烃已经被中国土壤环境质量风险控制列入污染物黑名单，但筛选出的苯并[*e*]芘不包括在监督范围内[10]。在筛选的25种多环芳烃中，中低多环芳烃占大多数，这与吴倩等[14]的研究结果一致。在石油化工的污染场地内，多环芳烃普遍存在，包括16种母体多环芳烃和各种烷基多环芳烃，CARLS[15]的研究表明，在石油污染区，烷基多环芳烃的含量远远超出人们的想象。而且还有其他研究证实非烷基多环芳烃可能具有更强的潜在毒性，对生物的致畸率和发育死亡率有很大影响[16]，如1-甲基萘、2-甲基萘，广泛存在于石油污染土壤中，在能源开采区域能够普遍在食物中检出烷基多环芳烃[17]，因此亟待引起社会各界关注和重视。

除多环芳烃外，土壤中还检测到多种苯系物和农药类污染物以及邻苯二甲酸酯类污染物（PAEs）。美国和欧洲机构已将6种PAEs列为优先控制的有毒污染物，因为它们具有内分泌干扰毒性且具有明显“三致”作用[18]。本研究中可疑物筛选共确认9种PAEs。除上述6种PAEs外，本研究还检出邻苯二甲酸二辛酯、邻苯二甲酸二丁酯、邻苯二甲酸二异丁酯3种PAEs。PAEs化合物广泛应用于增强柔性和韧性的材料助剂，且原料多来源于石油化工，严重威胁人类健康[19]。

（3）基于GC-QTOF NIST数据库进行未知物的非靶标筛查

由于通过PCDL数据库筛查的化合物数量有限，无法完全覆盖潜在污染物。可利用NIST质谱数据库进行未知物的非靶标筛查。在未知物分析软件中对样品进行解卷积，并将解卷积污染物的光谱与NIST质谱数据库中包含的光谱进行比较，共筛查土壤中有机污染物524种。

图3-3展示了一种示例化合物1-甲基萘，该化合物未通过可疑物筛查，但被未知物非靶标筛查发现。其保留时间为18.63min、匹配因子相对较高（97.3），组分光谱和5种主要反解积碎片离子的共洗脱图如图3-3所示。

在可疑物和非靶向筛查中筛查出的污染物以烃类及其衍生物、多环芳烃、苯系物以及酯类化合物为主。非靶向筛选可以检测不在高分辨率数据库PCDL中的污染物，比如在石油加工场地土壤样品中发现了较多烷基多环芳烃，如1,8-二甲基萘、9,10-苯并菲、并四苯、1,3-二甲基萘、9-甲基芴、2,5-二甲基菲、2,3,6-三甲基萘等污染物。目前这些污染物中大多数还没有被人类完全了解，同时也没有被重点监管，但其存在的潜在影响不容忽视。

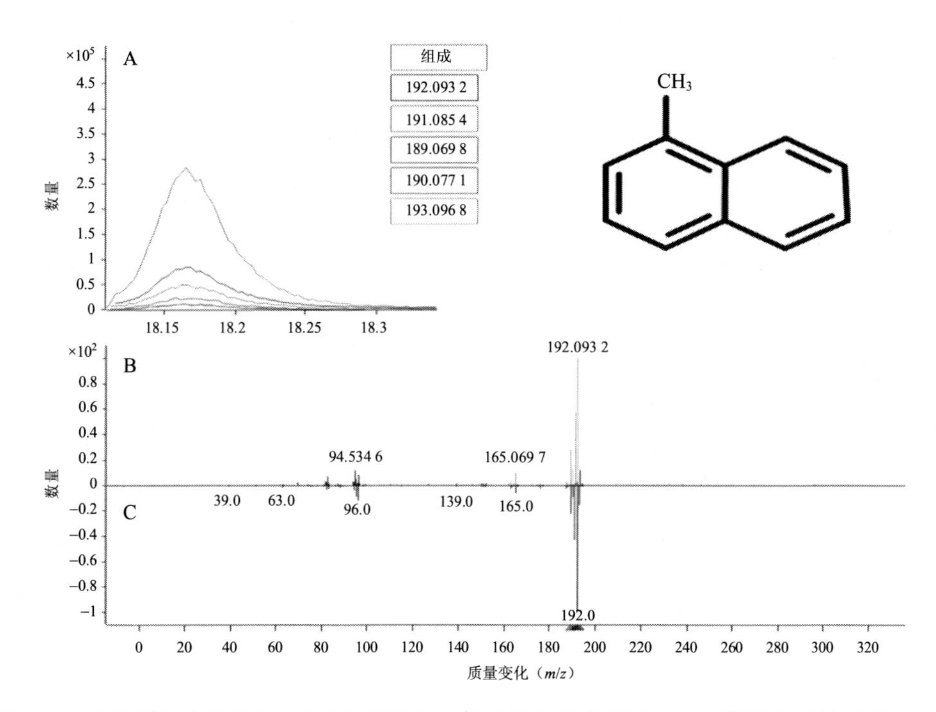

图 3-3 土壤样品中组分和 5 个主要解卷积碎片离子的共洗脱图（A）、解卷积后的质谱图（B）和 1-甲基萘（C）的 NIST 质谱图

（4）基于 LC-QTOF 进行未知物的非靶标筛查

基于 LC-QTOF 的未知物非靶标筛查，是通过在电喷雾电离源（ESI）和大气压化学电离源（APCI 源）上分别进行正离子模式和负离子模式的测试筛查实现的。排除与 ICP-MS 和 GC-QTOF 筛查的重复结果，LC-QTOF 手段共筛查出污染物 2 088 个，占石油加工行业特征污染物清单Ⅲ中的 76.1%。可见 LC-QTOF 在未知物定向筛查研究中是非常重要且有效的方式。

GC-QTOF 的两种筛查方法，均各有其适用性和局限性。可疑筛查可以准确、可信地筛查样品的部分污染物；而非靶向筛查可扩大筛查范围并筛选出高分辨质谱数据库中不具备的物质。对比 GC-QTOF 和 LC-QTOF 两种手段，GC-QTOF 擅长筛查可挥发、热稳定的、分子量不超过 1 000 的化合物；LC-QTOF 则不受污染物沸点的限制，对于难挥发、热不稳定的大分子极性化合物有更强的适用范围。在实际应用中，将以上 3 种方法结合起来可以更加充分、全面地了解样品的污染物组成特征。

综合分析 ICP-MS、GC-QTOF 和 LC-QTOF 的筛查结果，在石油加工污染场地土壤样品中检测到污染物共 2 744 种。如表 3-4 所示，石油加工行业特征污染物清单Ⅲ中污染物可分为 30 类。

表 3-4 石油加工行业特征污染物清单Ⅲ

序号	特征污染物类别	序号	特征污染物类别
1	重金属	16	醇类
2	石油烃	17	醛类
3	PAHs 及其衍生物	18	酮类
4	PCBs	19	酸类（有机酸）
5	多溴联苯	20	酸类（无机酸）
6	PAEs	21	无机盐
7	苯系物	22	氧化物
8	有机氯	23	硫化物
9	有机磷	24	醚类
10	酚类	25	二噁英
11	腈类	26	杂环化合物
12	胺类	27	非金属单质
13	烃类及其衍生物	28	有机金属
14	酯类	29	双酚类
15	菊酯类	30	其他

3.1.4 石油加工行业特征污染物清单

针对我国石油加工行业场地土壤污染，以该行业为例，结合 3 个步骤所得出的清单Ⅰ、清单Ⅱ和清单Ⅲ，初步构建了污染场地特征污染物筛选技术。如图 3-4 所示，3 个清单相互验证、完善和补充，共得出石油加工行业土壤特征污染物 2 942 种。清单Ⅰ和清单Ⅱ共重叠 209 种污染物，清单Ⅰ和清单Ⅲ共重叠 147 种污染物，清单Ⅱ和清单Ⅲ共重叠 140 种污染物，其中清单Ⅰ、清单Ⅱ和清单Ⅲ重叠 108 种污染物；ICP-MS、GC-QTOF 和 LC-QTOF 共筛查不重叠的污染物 2 565 种，占比最多，为 87.2%，由此可见，非靶向筛查技术可作为污染物清单筛选的重要手段，为加

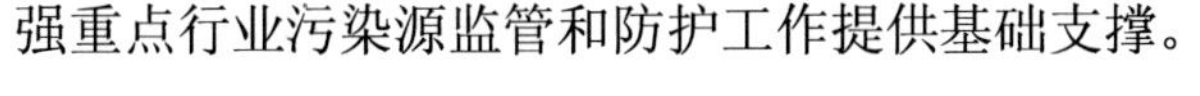
强重点行业污染源监管和防护工作提供基础支撑。

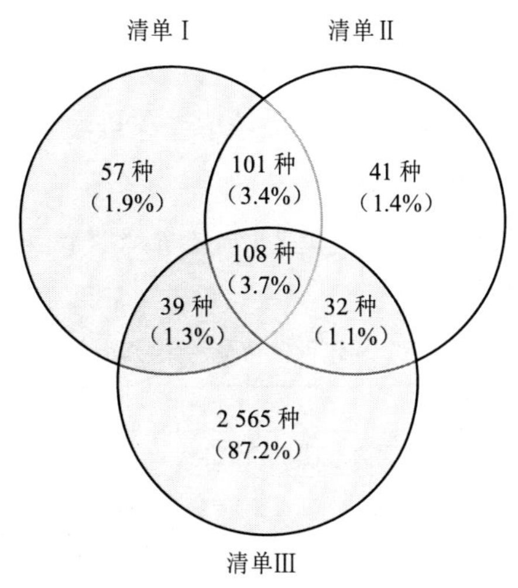

图 3-4　污染物清单Ⅰ、清单Ⅱ、清单Ⅲ综合结果对比图

3 个清单表明，石油加工场地属于复合型污染地区，其中烃类化合物、多环芳烃类（PAHs）是主要污染物，也有相当数量的重金属存在于土壤中。这些污染物普遍都具有致癌、致畸、致突变的作用，可持续存在于环境当中并随食物链传递，进而对不同生物及环境介质产生毒性效应[20,21]。

3.2　焦化行业

3.2.1　焦化行业特征污染物清单Ⅰ

通过收集焦化行业的资料，包括《焦化行业规范条件》、《焦化废水治理工程技术规范》（HJ 2022—2012）、《排污单位自行监测技术指南　钢铁工业及炼焦化学工业》（HJ 878—2017）、《排污许可证申请与核发技术规范　炼焦化学工业》（HJ 854—2017）、《炼焦化学工业污染防治可行技术指南》（HJ 2306—2018）、《污染源源强核算技术指南　炼焦化学工业》（HJ 981—2018）、《清洁生产标准　炼焦行业》（HJ/T 126—2003）等标准以及 50 余篇国内外发表的中文核心期刊及 SCI 文献，汇总得到焦化行业特征污染物清单Ⅰ。如表 3-5 所示，共 249 种特征污染物，包括重金属（15 种）、烃类及其衍生物（15 种）、PAHs 及其衍生物（76 种）、氧化物（4 种）、硫化物（1 种）、胺类（9 种）、酸类（9 种）、PCBs（1 种）、苯系物（27 种）、杂环化合物（21 种）、酯类（16 种）、酚类（13 种）、无机盐（1 种）、醛类（2 种）、酮类（8 种）、二噁英类（7 种）、双酚类（1 种）、非金属单质（2 种）、醇类（1 种）、有机金属（1 种）、腈类（1 种）、有机磷（1 种）、醚类（1 种）、其他污染物（16 种）。

表 3-5　焦化行业特征污染物清单Ⅰ

类别	特征污染物	个数
重金属	铜、锌、锰、铅、镉、钙、镍、汞、铬、三价铬、六价铬、锑、铁、锂、汞（无机）	15
烃类及其衍生物	丙烷、六氯丁二烯、苯乙烯、甲烷、丁烯（所有异构体）、溴乙烯、硝基甲烷、4-甲苯基乙炔、氯甲烷、2,2-二甲基戊烷、乙炔、非甲烷总烃、1,1-二氟乙烷、二氯甲烷、1,1,1,2-四氯乙烷	15
PAHs 及其衍生物	苯并[*a*]蒽、苯并[*a*]芘、苯并[*b*]荧蒽、苯并[*k*]荧蒽、二苯并[*a,h*]蒽、茚并[1,2,3-*cd*]芘、苊烯、苊、芴、菲、蒽、荧蒽、芘、苯并[*g,h,i*]苝、苯并[*l*]醋蒽烯、苯并[*a*]荧蒽、苯并[*a*]芴、苯并[*b*]蒀、苯并[*b*]芴、苯并[*c*]芴、萘并[*e*]芘、苯并[*g,h,i*]荧蒽、二苯并[*a,j*]蒽、二苯并[*a,e*]荧蒽、二苯并[*a,e*]芘、13*H*-二苯并[*a,g*]芴、二苯并[*e,l*]芘苝、蒀、萘、1-甲基蒀、2-甲基蒀、3-甲基蒀、4-甲基蒀、6-甲基蒀、2-甲基荧蒽、3-甲基荧蒽、1-甲基菲、萘并[1,2-*b*]荧蒽、萘并[2,1-*a*]荧蒽、萘并[2,3-*e*]芘、6-硝基苯并[*a*]芘、3-硝基荧蒽、3-硝基苝、2-硝基芘、苯并[9,10]菲、苯并[*j*]醋蒽烯、苯并[*c*]菲、苯并[*j*]荧蒽、二苯并[*a,h*]芘、二苯并[*a,i*]芘、3,7-二硝基荧蒽、3,9-二硝基荧蒽、1,3-二硝基芘、1,6-二硝基芘、1,8-二硝基芘、1,4-二氧己环、苯并[*a*]荧蒽、2-甲基菲、苯并[*g*]蒀、7-硝基苯[*a*]蒽、1-甲基苯并[*a*]蒽、1-甲基蒽、9-硝基菲、二苯并[*a,c*]蒽、2,6-二异丙基萘、1-甲基萘、2-甲基萘、1,5 二甲基萘、3-甲基菲、茚、苯并芴、5-甲基蒀、1*H*-非那烯、玉红省	76
氧化物	氧化铝、二氧化钛、氮氧化物、三氧化铬	4
硫化物	硫化锑	1
胺类	1,2-环氧丁烷、苯胺、2-氯苯胺、邻甲苯胺、3-硝基苯胺、2,6-二氯-4-硝基苯胺、邻苯二甲酰亚胺、五氯苯胺、磷铵	9
酸类	磷酸、氟化氢、硫酸、硝酸、砷酸、己酸、氯化氢、铬酸雾、硫酸雾	9
PCBs	四氯联苯	1

类别	特征污染物	个数
苯系物	六氯苯、硝基苯、甲苯、间二甲苯、对二甲苯、邻二甲苯、乙苯、1,2-二氯苯、三氯苯、联苯、二萘嵌苯、1,3,5-三甲基苯、苯、晕苯、4-硝基联苯、硝基甲苯、*p*-硝基氯苯、邻氯硝基苯、五氯苯、1,3-二氯苯、1,2,3-三氯苯、邻氯硝基苯、3,4-二氯硝基苯、五氯甲氧基苯、2,5-二氯硝基苯、四氯硝基苯、五氯硝基苯	27
杂环化合物	酚酞、2378 四氯代二苯并对呋喃、12378 五氯代二苯并对呋喃、23478 五氯代二苯并对呋喃、123478 六氯代二苯并对呋喃、123678 六氯代二苯并对呋喃、123789 六氯代二苯并对呋喃、234678 六氯代二苯并对呋喃、1234678 七氯代二苯并对呋喃、1234789 七氯代二苯并对呋喃、八氯代二苯并对呋喃、苯并呋喃、二苯并呋喃、邻苯二甲酸酐、二苯并噻吩、丙酸酐、异丁酸酐、咪唑、莠去津、解草啶、苯并[*b*]萘并[2,1-*d*]噻吩	21
酯类	邻苯二甲酸二（2-乙基己）酯、邻苯二甲酸二正丁酯、邻苯二甲酸二异丁酯、邻苯二甲酸二甲酯、邻苯丙烯酸乙酯、磷酸三乙酯、甲苯-2,4-二异氰酸酯、三氯乙基磷酸酯、磷酸三（2-氯丙基）酯、苯甲酸苄酯、磷酸三（2-氯丙基）酯、苯乙醛酸戊酯、三乙基硫代磷酸酯、2,4-滴丁酯、磷酸三丁酯、二甲酸二乙酯	16
酚类	4-甲酚、2-甲酚、2,4-二氯苯酚、2,4-二甲基苯酚、2,4-二硝基苯酚、五氯苯酚、2,4-二甲基酚、2,4,6-三氯酚、邻苯基苯酚、间苯二酚、百里酚、甲基苯酚、二溴乙酸	13
无机盐	亚硝酸钠	1
醛类	2,3-环氧丙醛、对甲基苯甲醛	2
酮类	异佛尔酮、蒽酮、苯乙酮、甲基壬基甲酮、4-甲基苯戊酮、呋喃酮、氟啶酮、二苯并[*h,rst*]戊芬	8
二噁英类	12378 五氯代二苯并对二噁英、123478 六氯代二苯并对二噁英、123678 六氯代二苯并对二噁英、123789 六氯代二苯并对二噁英、1234678 七氯代二苯并对二噁英、八氯代二苯并对二噁英、二苯并对二噁英	7
双酚类	四溴双酚 A	1
非金属单质	硅、砷	2
醇类	1,3-二氯-2-丙醇	1
有机金属化合物	羰基镍	1
腈类	二溴乙腈	1
有机磷	毒死蜱	1
醚类	甲基五氯苯基硫醚	1
其他	氯气、硫化氢、杂酚油、烧碱石棉、矿油精、石英粉、润滑油基础油、白色矿物油、化学需氧量、粉尘、动植物油、蛋白质、煤焦油杂酚油、煤焦油沥青、氟化钙、*Tris*（3-Chloropropyl）磷酸盐	16
合计		249

清单Ⅰ表明，焦化行业的土壤环境污染以 PAHs 及其衍生物为主，这类污染物中相当一部分具有致癌、致畸变、致突变的作用，随食物链传递并对不同生物及环境介质产生毒性效应。因此对于焦化行业而言，这类污染物的管控亟须解决。

3.2.2 焦化行业特征污染物清单Ⅱ

焦化行业生产的主要工艺环节如图 3-5 所示，主要包括备煤、破碎、炼焦、熄焦、沉淀、晾焦、煤气净化、化学品回收以及污水废水处理等环节。其中，在备煤区，可能产生的污染物如煤尘、废气以及洗选废水等容易造成土壤污染；在炼焦区，煤在高温干馏时，会有苯类、酚类以及 PAHs 等污染物通过扬尘浸入土壤当中；在焦炉煤气净化区以及化学产品回收区，则主要有烟尘、废气等污染物通过沉降作用污染土壤。

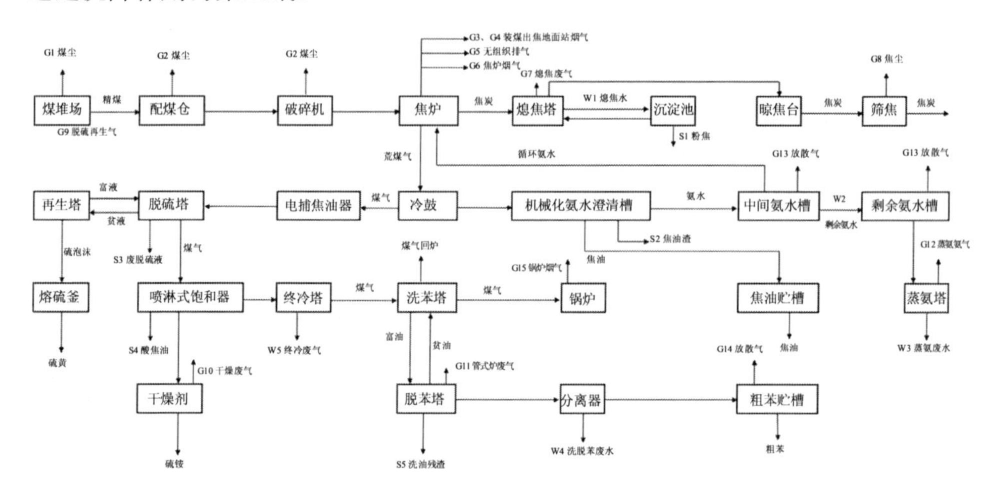

图 3-5　焦化厂的主要生产工艺流程

通过对山西省孝义市焦化行业工业园区的现场进行考察，了解其现场使用原辅材料，生产工艺流程中可能产生的中间产物，产品自身所存在的污染物，以及环境影响评价报告、清洁生产报告、土壤环境质量调查报告、土壤及地下水自行监测报告等资料，对企业进行全面分析，整理汇总得到该行业特征污染物清单Ⅱ。如表 3-6 所示，共计 135 种特征污染物，包括重金属（14 种）、烃类及其衍生物（12 种）、PAHs 及其衍生物（41 种）、胺类（6 种）、酸类（7 种）、PCBs（1 种）、苯系物（13 种）、杂环化合物（10 种）、酯类（8 种）、酚类（7 种）、无机盐（1 种）、醛类（1 种）、酮类（3 种）、双酚类（1 种）、非金属单质（1 种）、醇类（2 种）、氧化物（1 种）、腈类（1 种）和其他污染物（5 种）。

表 3-6 焦化行业特征污染物清单Ⅱ

类别	特征污染物	个数
重金属	铜、锌、锰、铅、镉、钙、镍、汞、铬、三价铬、六价铬、铁、汞（无机）、锑（Sb）	14
烃类及其衍生物	丙烷、2,5,9-三甲基癸烷、1,1-二氟乙烷、2,6-二甲基十七烷、3-乙基-3-甲基庚烷、2,5,5-三甲基-庚烷、4-甲苯基乙炔、氯甲烷、丁烯（所有异构体）、乙炔、硝基甲烷、溴乙烯	12
PAHs 及其衍生物	苯并[*a*]蒽、苯并[*a*]芘、苯并[*b*]荧蒽、苯并[*k*]荧蒽、二苯并[*a,h*]蒽、茚并[1,2,3-*cd*]芘、苊烯、苊、芴、菲、蒽、荧蒽、芘、苯并[*g,h,i*]苝、䓛、萘、苯并[*a*]荧蒽、苯并[*a*]芴、苯并[*b*]䓛、苯并[*b*]芴、苯并[*c*]芴、萘并[*e*]芘、苯并[*g,h,i*]荧蒽、二苯并[*a,j*]蒽、二苯并[*a,e*]荧蒽、二苯并[*a,e*]芘、13*H*-二苯并[*a,g*]芴、二苯并[*e,l*]芘、苯并[*a*]荧蒽、二苯并[*a,c*]-甲基菲、2-甲基菲、苯并[*g*]䓛、1-甲基蒽、9-硝基菲、二苯并[*a,c*]蒽、2-乙基吡嗪、二苯并[*h,rst*]戊芬、苯并[*j*]醋蒽烯、3-甲基菲、茚	41
胺类	苯胺、磷铵、2-氯苯胺、邻甲苯胺、3-硝基苯胺、2,6-二氯-4-硝基苯胺	6
酸类	磷酸、硫酸、硝酸、砷酸、氟化氢、氯化氢、二溴乙酸	7
PCBs	四氯联苯	1
苯系物	硝基苯、甲苯、间二甲苯、对二甲苯、邻二甲苯、乙苯、1,2-二氯苯、1,3,5-三甲基苯、1,3-二氯苯、（1-丁基）-苯、联苯、联三甲苯、苯乙烯	13
杂环化合物	二苯并呋喃、苯并呋喃、2-丙基-氮丙啶、咪唑、咔唑、苯并噻唑、酚酞、1,3-二氧戊环、5-甲基-2-十五烷基-1,3-二氧戊环、苯并[*b*]萘并[2,1-*d*]噻吩	10
酯类	邻苯二甲酸二（2-乙基己）酯、邻苯二甲酸二正丁酯、邻苯二甲酸二异丁酯、丙酸,2-甲基-,3-羟基-2,2,4-三甲基戊酯、3,3-二甲基丙烯酸甲酯、2-氧双环（3.2.2）壬基-3,6-二烯-1-基苯甲酸酯、3-甲基苯甲酸2-甲酰基-4,6-二氯苯酯、苯乙醛酸戊酯	8
酚类	4-甲酚、五氯苯酚、甲基苯酚、2,4-二甲基酚、2,4,6-三氯酚、间苯二酚、2,4-二硝基苯酚	7
无机盐	亚硝酸钠	1
醛类	对甲基苯甲醛	1
酮类	4-甲基苯戊酮、蒽酮、苯乙酮	3

类别	特征污染物	个数
双酚类	四溴双酚 A	1
非金属单质	砷	1
氧化物	三氧化铬	1
醇类	2-乙基-1-己醇、1-（2-呋喃基）-3-丁烯 1,2-二醇	2
腈类	二溴乙腈	1
其他	氯气、硫化氢、氟化钙、*Tris*（3-Chloropropyl）磷酸盐、粉尘	5
合计		135

清单Ⅱ表明，焦化行业的土壤环境污染以 PAHs 及其衍生物为主，这类污染物中相当一部分具有致癌、致畸、致突变的作用，对不同生物及环境介质产生毒性效应。因此对于焦化行业而言，这类污染物的管控亟须解决。

3.2.3　焦化行业特征污染物清单Ⅲ

研究区域位于山西省吕梁市某焦化工业园区（111°21′～111°55′N，36°18′～36°56′E），该区是全国八大机焦工业基地之一，是山西省 4 个千万吨级焦化园区之一。孝义市于 20 世纪 80 年代开始土法炼焦、90 年代中期采用改良焦，工业园区现已形成年产粗苯 10 万 t、煤焦油 40 万 t、机焦 1 000 万 t 的生产规模。目前该地区共有 9 家焦化企业，周边多为村庄和田地，是典型的焦化行业园区，如图 3-6 所示。

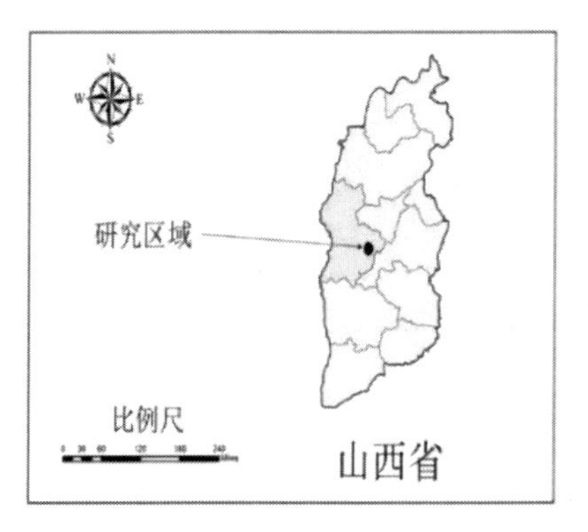

图 3-6　焦化行业的调研区域位置图

（1）基于 ICP-MS 的半定量分析

基于 ICP-MS 半定量分析进行可疑物筛查，在所有样品中共鉴定和确认了 19 种元素，分别是铜、锌、锰、钾、镁、钠、铍、钼、钴、铅、镉、砷、镍、汞、铁、钙、锑、硅和铬。

一般焦化厂排污关注点多在有机类和硫氰化物污染物中，而其排出的废水、周边土壤以及周边大气颗粒物中大都含有一定量的高出周围环境背景值的金属元素[22-24]。随着工业化的发展，人类生活的区域往往穿插着一些排污企业，金属元素可通过环境介质的迁移转化不断地靠近人类生活区。相关研究表明[25]，人类可通过空气吸入、皮肤接触及食物摄入的方式吸入重金属，比如上述土壤样品中检出的金属元素随着在人体内不断的累积，往往会对人体健康造成不良影响。因此焦化行业产出的重金属污染也应引起大家的关注。

（2）基于高分辨质谱数据库的可疑物筛查

通过使用 PCDL 数据库进行可疑物筛选，在所有土壤样品中共鉴定和确认了 82 种化合物，主要有 26 种苯系物和 20 种多环芳烃类，部分邻苯二甲酸酯类和酯类，还有少量农药类、酮类和醚类污染物。

除 16 种美国 EPA 优先控制的多环芳烃外，在土壤样品中还筛查到 9 种其他多环芳烃（苯并[*j*]荧蒽、2,3,5-三甲基萘、二苯并[*a*,*c*]蒽、2,6-二甲基萘、2-甲基萘、2,6-二异丙基萘、1-氯萘、1-甲基萘、蒽醌）。这 9 种多环芳烃虽然基本都不包括在目前我国现行标准和规范的监督范围内[26]，但是其危害性绝不容许人们忽视。这些都表明多环芳烃普遍存在于焦化污染场地内，炼焦区和化产区的污染尤为严重。且目前也有相当一部分研究表明[27-29]，烷基多环芳烃大量存在于环境介质当中，只是目前还没有人对其毒性进行过确切的研究，因此这些多环芳烃的危害性也不容忽视。

（3）基于 NIST 数据库进行未知物的非靶标筛查

通过 PCDL 数据库筛查的化合物数量有限，可利用 NIST 质谱数据库进行未知物的非靶标筛查。在未知物分析软件中对样品进行解卷积，将解卷积的光谱与 NIST 质谱数据库中的光谱进行比较，共筛查土壤中有机污染物 291 种。

在非靶向筛查中筛查出的污染物同样是以多环芳烃类污染物为主，还有少量的酯类和酚类化合物，在所有污染物种类中，多环芳烃类污染物占比最高，其次是苯系物和邻苯二甲酸酯类。非靶向筛查可以筛查出不在高分辨数据库 PCDL 中的污染物，比如更多的烃类化合物，如联苯、六氯-1,3-丁二烯、五氯苯、1,2,3,4-四氯苯等污染物。目前这些污染物中大多数还没有被人类完全了解，同时也没有被重点监管，但其存在的潜在影响同样不容忽视。

（4）基于 LC-QTOF 进行未知物的非靶标筛查

基于 LC-QTOF 的未知物非靶标筛查，是通过在电喷雾电离源（ESI）和大气压化学电离源（APCI 源）上分别进行正离子模式和负离子模式的测试筛查实现的。排除与 ICP-MS、GC-QTOF 筛查的重复结果，LC-QTOF 手段共筛查出污染物 725 种，占焦化行业特征污染物清单Ⅲ中的 58.4%。可见 LC-QTOF 在未知物定向筛查研究中是非常重要且有效的手段。

综合分析 ICP-MS 半定量、GC-QTOF 和 LC-QTOF 的筛查结果，在焦化污染场地土壤样品中检测到污染物共 1 119 种。如表 3-7 所示，焦化行业特征污染物清单Ⅲ中污染物可分为 28 类。

表 3-7 焦化行业特征污染物清单Ⅲ

序号	特征污染物类别	序号	特征污染物类别
1	重金属	15	醇类
2	PAHs 及其衍生物	16	醛类
3	PCBs	17	酮类
4	杂环化合物	18	酸类（有机酸）
5	PAEs	19	酸类（无机酸）
6	苯系物	20	无机盐
7	有机氯	21	氧化物
8	有机磷	22	硫化物
9	酚类	23	醚类
10	腈类	24	二噁英
11	胺类	25	有机金属
12	烃类及其衍生物	26	非金属单质
13	酯类	27	双酚类
14	菊酯类	28	其他

3.2.4 焦化行业特征污染物清单

针对我国焦化行业场地土壤污染，以该行业重点企业为例，结合3个步骤所得出的清单Ⅰ、清单Ⅱ和清单Ⅲ，初步构建了污染场地特征污染物筛选技术。如图3-7所示，3个清单相互验证、完善和补充，共得出焦化行业土壤特征污染物1 241种。其中，清单Ⅰ和清单Ⅱ共重叠118种污染物，清单Ⅰ和清单Ⅲ共重叠131种污染物，清单Ⅱ和清单Ⅲ共重叠115种污染物。由此可见，非靶向筛查技术可作为污染物清单筛选的重要步骤，为加强重点行业污染源监管和防护工作提供基础支撑。

整体研究表明，焦化厂地符合复合型污染特征，重金属与有机物并存且有机污染物以多环芳烃为主，未来对于该类地区污染物的管控应侧重于这两类污染物。

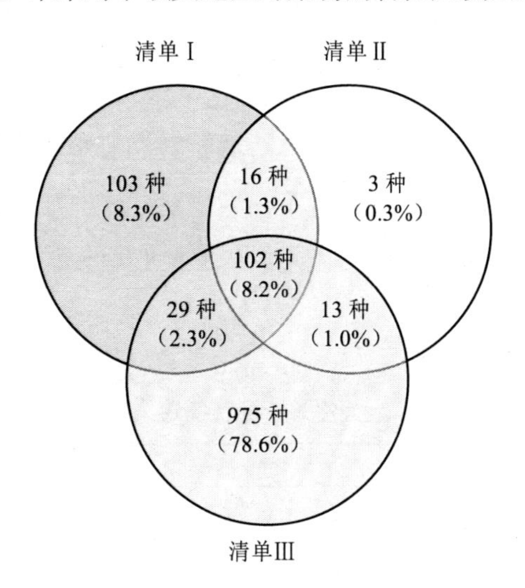

图3-7 污染物清单Ⅰ、清单Ⅱ、清单Ⅲ综合结果对比图

3.3 金属冶炼行业

3.3.1 金属冶炼行业特征污染物清单Ⅰ

通过收集冶炼行业的资料，包括《钒工业污染物排放标准》（GB 26452—2011）、

《铝工业污染物排放标准》（GB 25465—2010）、《排污单位自行监测技术指南 有色金属工业》（HJ 989—2018）、《土壤污染重点行业企业筛选原则》、《再生铜、铝、铅、锌工业污染物排放标准》（GB 31574—2015）、清洁生产标准等以及 30 余篇国内外发表的中文核心期刊及 SCI 文献。整理汇总得到该行业特征污染物清单 I，如表 3-8 所示，共 221 种特征污染物，包括重金属（31 种）、PAHs 及其衍生物（37 种）、PCBs（10 种）、PAEs（9 种）、苯系物（13 种）、有机磷（1 种）、酚类（8 种）、胺类（7 种）、烃类及其衍生物（7 种）、酯类（11 种）、醛类（1 种）、酮类（4 种）、酸类（有机酸）（1 种）、酸类（无机酸）（8 种）、无机盐（4 种）、氧化物（11 种）、硫化物（2 种）、醚类（10 种）、二噁英（6 种）、杂环化合物（20 种）、有机金属（1 种）、双酚类（1 种）、非金属单质（6 种）以及其他污染物（12 种）。

清单 I 表明，金属冶炼行业的土壤环境污染以重金属和有机污染物为主，其中重金属、PAHs 及其衍生物、杂环化合物、苯系物和 PAEs 污染物占比较大，这类污染物中相当一部分具有生物积累、致癌、致畸、致突变的作用[30,31]，可持续存在于环境当中并随食物链传递，对不同生物及环境介质产生毒性效应[32-34]。因此，应将这些金属冶炼行业污染物作为优先监测和管控的对象，形成一种科学、高效解决环境问题的策略。

表 3-8 金属冶炼行业特征污染物清单 I

类别	特征污染物	个数
重金属	铜、锌、锰、铍、钼、钴、铅、镉、镍、汞、铬、三价铬、六价铬、锑（Sb）、铁、钙、锂、汞（无机）、钒、铊、锡、锗、铀、铈、锆、镧、钍、钨、钯、钚、镭	31
PAHs 及其衍生物	苯并[*a*]蒽、苯并[*a*]芘、苯并[*b*]荧蒽、苯并[*k*]荧蒽、二苯并[*a*,*h*]蒽、茚并[1,2,3-*cd*]芘、苊烯、苊、芴、菲、蒽、荧蒽、芘、苯并[*g*,*h*,*i*]苝、䓛、萘、苝、苯并芴、苯并[*c*]菲、苯并[*j*]荧蒽、苯并[*e*]芘、1-甲基菲、苯并[*a*]荧蒽、茚、2-甲基萘、2,6-二甲基萘、1,3-二甲基萘、2-异丙基萘、9-甲基菲、1-甲基萘、1,4-萘醌、1,6-二甲基萘、1-甲基蒽、2-甲基苯并[*a*]蒽、茚并（1,2,3-*cd*）芘、2,3-二甲基蒽、3-甲基胆蒽	37
PCBs	2,3,3′,4,4′,5,5′-七氯联苯、2,3,3′,4,4′,5-多氯联苯、2,3,3′,4,4′,5′-六氯联苯、2,3′,4,4′,5,5′-六氯联苯、2,3,4,4′,5-五氯联苯、3,3′,4,4′,5,5′-六氯联苯、3,3′,4,4′,5-五氯联苯、3,3,4,4-四氯联苯、3,4,4′,5-四氯联苯、五氯联苯	10

类别	特征污染物	个数
PAEs	邻苯二甲酸二（2-乙基己）酯、邻苯二甲酸二正丁酯、邻苯二甲酸二异丁酯、邻苯二甲酸二甲酯、邻苯二甲酸二乙酯、邻苯二甲酸二环己酯、邻苯二甲酸丁基苄酯、邻苯二甲酸二戊酯、邻苯二甲酸二正己酯	9
苯系物	六氯苯、甲苯、间二甲苯、对二甲苯、邻二甲苯、乙苯、三氯苯、联苯、苯、五氯苯、1,3-二氯苯、2-硝基氯苯、1,4-二氯苯	13
有机磷	毒死蜱	1
酚类	4-甲酚、2,4-二氯苯酚、3-甲酚、2,6-二氯苯酚、2,4,5-三氯酚、2,4,6-三氯酚、2,3,3,4,4-五氯二苯酚、苯硫酚	8
胺类	苯胺、二苯胺、邻苯二甲酰亚胺、4-氯苯胺、3,5-二氯苯胺、*N*,*N*-二甲基苯胺、嘧菌胺	7
烃类及其衍生物	丙烷、丁烯（所有异构体）、溴乙烯、乙炔、硝基甲烷、氯仿、四氯化碳	7
酯类	磷酸三乙酯、三氯乙基磷酸酯、苯酞、苯甲酸苄酯、磷酸三（2-氯丙基）酯、磷酸三（3-氯丙基）酯、磷酸三丁酯、磷酸三异丁酯、磷酸三苯酯、磷酸三甲酯、磷酸三辛酯	11
醛类	2,3-环氧丙醛	1
酮类	异佛尔酮、蒽酮、9-芴酮、4,4′-二氯二苯甲酮	4
酸类（有机酸）	己酸	1
酸类（无机酸）	氯化氢、磷酸、氟化氢、硫酸、硝酸、砷酸、铬酸雾、硫酸雾	8
无机盐	亚硝酸钠、磷铵、硫酸盐、二乙基二硫代氨基甲酸钠	4
氧化物	氧化铝、二氧化钛、二氧化硅、三氧化铬、三氧化二铁、氧化镁烟气、三氧化二锑、三氧化钼、五氧化二钒、氯化钍、赤铁矿	11
硫化物	硫化锑、硫化氢	2
醚类	五氯茴香硫醚标准品、BDE17、BDE28、BDE100、BDE154、BDE153、BDE183、2,2′,4,4′,5,5′-六溴二苯醚、2,2′,4,4′,5-五溴联苯醚、2,2,4,4-四溴联苯醚	10
二噁英	12378五氯代二苯并对二噁英、123478六氯代二苯并对二噁英、123678六氯代二苯并对二噁英、123789六氯代二苯并对二噁英、1234678七氯代二苯并对二噁英、八氯代二苯并对二噁英	6
杂环化合物	二苯并噻吩、苯并呋喃、酚酞、二苯并呋喃、喹啉、咔唑、2378四氯代二苯并对呋喃、12378五氯代二苯并对呋喃、23478五氯代二苯并对呋喃、123478 六氯代二苯并对呋喃、123678 六氯代二苯并对呋喃、123789六氯代二苯并对呋喃、234678六氯代二苯并对呋喃、1234678七氯代二苯并对呋喃、1234789 七氯代二苯并对呋喃、八氯代二苯并对呋喃、二苯并[*a*,*j*]吖啶、1,8-萘二甲酸酐、烟碱、邻苯二甲酸酐	20
非金属单质	砷、硅、硒、硼、溴、硫	6
有机金属	羰基镍	1
双酚类	四溴双酚A	1
其他	氯气、杂酚油、烧碱石棉、矿油精、石英粉、氟化钙、润滑油基础油、白色矿物油、砷化镓、沸石、碳化钨、铋锭	12
合计		221

3.3.2 金属冶炼行业特征污染物清单Ⅱ

金属冶炼常用工艺流程[35-37]见图3-8。金属湿法冶炼经过焙烧预处理，使大部分的金属变成可溶于稀硫酸的金属溶液。影响浸出反应的因素有温度、溶剂浓度和焙砂粒度。由于净化过程中铁在电积时反复氧化还原消耗电能，所以必须将其净化除去。浸出和净化在耐酸槽内进行，浸出时加入絮凝剂可加速沉淀，去除杂质。电积时在极片上析出金属。铝电解法是以氧化铝为原料、冰晶石为熔剂组成的电解质，在950～970℃的条件下通过电解的方法使电解质熔体中的氧化铝分解为铝和氧，铝在碳阴极以液相形式析出，氧在碳阳极以二氧化碳气体的形式逸出。

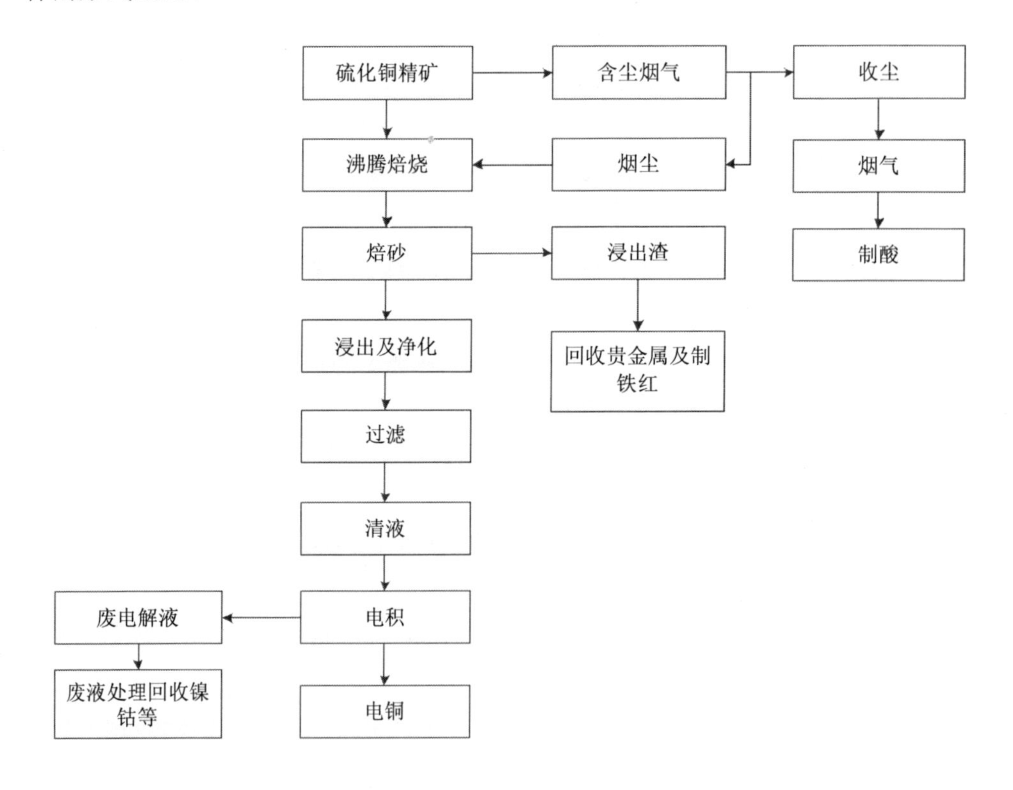

（a）湿法铜冶炼工艺流程

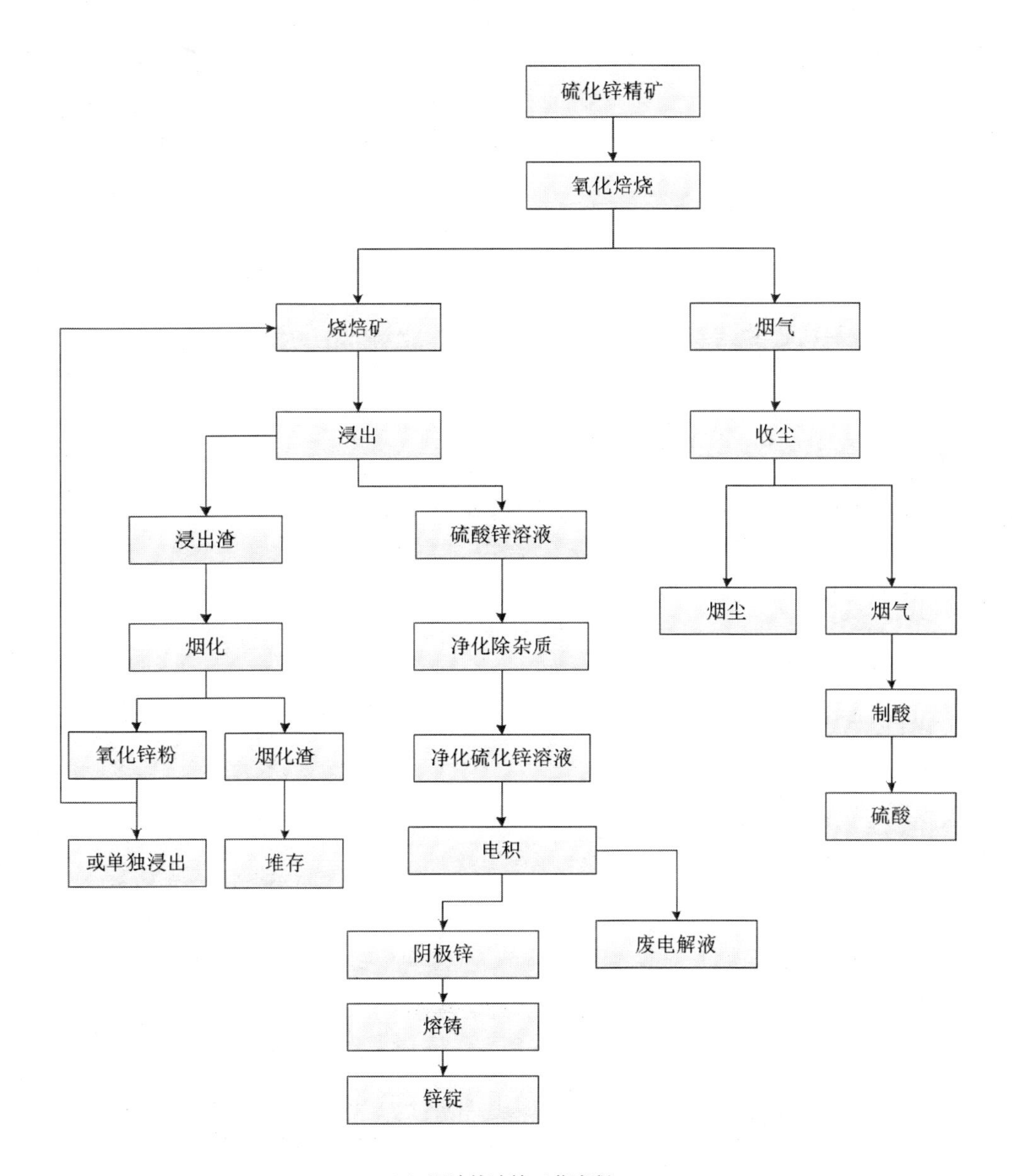
硫化锌精矿
氧化焙烧
烧焙矿
烟气
浸出
收尘
浸出渣
硫酸锌溶液
烟尘
烟气
烟化
净化除杂质
制酸
氧化锌粉
烟化渣
净化硫化锌溶液
硫酸
或单独浸出
堆存
电积
阴极锌
废电解液
熔铸
锌锭

（b）湿法锌冶炼工艺流程

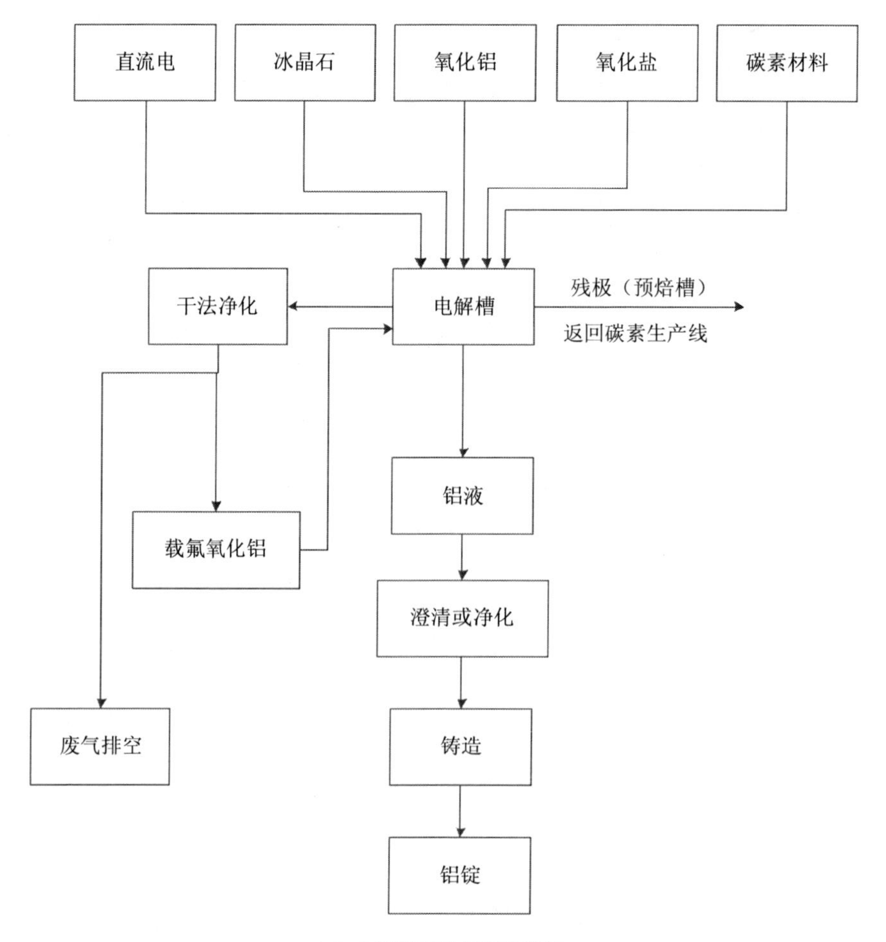

（c）电解法铝冶炼工艺流程

图 3-8 金属冶炼行业主要生产工艺流程

通过了解冶炼现场使用原料、生产工艺流程中可能产生的中间产物、产品自身存在的污染物、企业环境影响评价报告、清洁生产报告、土壤环境质量调查报告以及土壤及地下水自行监测报告等资料，对企业进行全面分析，整理汇总得到该行业特征污染物清单Ⅱ。如表 3-9 所示，共 121 种特征污染物，包括重金属（18 种）、PAHs 及其衍生物（34 种）、PCBs（5 种）、PAEs（9 种）、苯系物（11 种）、酚类（3 种）、胺类（3 种）、烃类及其衍生物（2 种）、酯类（10 种）、酮类（4 种）、酸类（无机酸）（5 种）、氧化物（1 种）、硫化物（1 种）、醚类（1 种）、杂环化合物

（8种）、非金属单质（2种）以及其他污染物（4种）。

表3-9　金属冶炼行业特征污染物清单Ⅱ

类别	特征污染物	个数
重金属	铜、锌、锰、铍、钼、钴、铅、镉、镍、汞、铬、三价铬、六价铬、铁、钙、汞（无机）、钒、锡	18
PAHs及其衍生物	苯并[*a*]蒽、苯并[*a*]芘、苯并[*b*]荧蒽、苯并[*k*]荧蒽、二苯并[*a*,*h*]蒽、茚并[1,2,3-*cd*]芘、苊烯、苊、芴、菲、蒽、荧蒽、芘、苯并[*g*,*h*,*i*]苝、䓛、萘、苝、苯并芴、苯并[*c*]菲、苯并[*j*]荧蒽、苯并[*e*]芘、1-甲基菲、苯并[*a*]荧蒽、茚、2-甲基萘、2,6-二甲基萘、1,3-二甲基萘、9-甲基菲、1-甲基萘、1,4-萘醌、1,6-二甲基萘、1-甲基蒽、茚并（1,2,3-*cd*）芘、3-甲基胆蒽	34
PCBs	2,3,3′,4,4′,5,5′-七氯联苯、2,3,3′,4,4′,5-多氯联苯、2,3,3′,4,4′,5′-六氯联苯、2,3′,4,4′,5,5′-六氯联苯、2,3,4,4′,5-五氯联苯	5
PAEs	邻苯二甲酸二（2-乙基己）酯、邻苯二甲酸二正丁酯、邻苯二甲酸二异丁酯、邻苯二甲酸二甲酯、邻苯二甲酸二乙酯、邻苯二甲酸二环己酯、邻苯二甲酸丁基苄酯、邻苯二甲酸二戊酯、邻苯二甲酸二正己酯	9
苯系物	甲苯、间二甲苯、对二甲苯、邻二甲苯、乙苯、联苯、苯、五氯苯、1,3-二氯苯、2-硝基氯苯、1,4-二氯苯	11
酚类	3-甲酚、2,3,3,4,4-五氯二苯酚、苯硫酚	3
胺类	苯胺、二苯胺、邻苯二甲酰亚胺	3
烃类及其衍生物	丁烯（所有异构体）、氯仿	2
酯类	磷酸三乙酯、三氯乙基磷酸酯、苯甲酸苄酯、磷酸三（2-氯丙基）酯、磷酸三（3-氯丙基）酯、磷酸三丁酯、磷酸三异丁酯、磷酸三苯酯、磷酸三甲酯、磷酸三辛酯	10
酮类	蒽酮、苯乙酮、9-芴酮、4,4′-二氯二苯甲酮	4
酸类（无机酸）	氯化氢、磷酸、氟化氢、硫酸、硝酸	5
氧化物	三氧化铬	1
硫化物	硫化氢	1
醚类	五氯茴香硫醚标准品	1
杂环化合物	二苯并噻吩、苯并呋喃、二苯并呋喃、酚酞、咔唑、二苯并[*a*,*j*]吖啶、1,8-萘二甲酸酐、烟碱	8
非金属单质	砷、硒	2
其他	杂酚油、石英粉、氟化钙、氯气	4
合计		121

从清单Ⅱ结果以及对厂区工艺环节考察的情况汇总（表 3-10）来看，冶炼场地土壤主要特征污染物是铜、铅、锌、锰、铍、钼、钴、汞、钒、砷、硒、镉、铬（六价）、铬、镍等重金属（含类金属），其污染区域包含厂区的各个生产工段。在渣缓冷及渣破碎工段、化学水处理工段以及污水处理工段除重金属外还有部分多环芳烃类污染物。刘铮等[38]研究黑色金属冶炼和压延加工工艺产生的污染物，主要有有机污染物和铅、锌、铬、锰等重金属污染物，与本研究结果基本一致，朱军等[39] 将锌湿法冶炼渣的污染物进行分析并综合利用。

表 3-10　冶炼厂区潜在特征污染物识别汇总

区域	污染源	涉及的主要物质	污染途径
原料堆场	各种精矿	铜、铅、锌、砷、金、银、铂、硒、碲、镉、铬（六价）、铬、锑、铋、镍、汞、氰化物、钒、锰、铊、钴、铍、钼、氟化物	渗透
渣缓冷及渣破碎工段	粗矿仓、精矿浓缩房	铜、铅、锌、砷、金、银、铂、硒、碲、镉、铬（六价）、铬、锑、铋、镍、汞、氰化物、钒、锰、铊、钴、铍、钼、氟化物、苊烯、苊、芴、菲、蒽、荧蒽、芘、苯并[a]蒽、䓛、苯并[b]荧蒽、苯并[k]荧蒽、苯并[a]芘、茚并[1,2,3-c,d]芘、二苯并[a,h]蒽、苯并 [g,h,i]苝、C_{10}～C_{40}总量	渗透
	过滤厂房	铜、铅、锌、砷、金、银、铂、硒、碲、镉、铬（六价）、铬、锑、铋、镍、汞、氰化物、钒、锰、铊、钴、铍、钼、氟化物、苊烯、苊、芴、菲、蒽、荧蒽、芘、苯并[a]蒽、䓛、苯并[b]荧蒽、苯并[k]荧蒽、苯并[a]芘、茚并[1,2,3-c,d]芘、二苯并[a,h]蒽、苯并 [g,h,i]苝、C_{10}～C_{40}总量	渗透
阳极泥工段	阳极泥车间	铜、铅、锌、砷、金、银、铂、硒、碲、镉、铬（六价）、铬、锑、铋、镍、汞、钒、锰、铊、钴、铍、钼、氟化物	渗透
制酸工段	管道、废气	铜、铅、锌、砷、金、银、铂、硒、碲、镉、铬（六价）、铬、锑、铋、镍、汞、钒、锰、铊、钴、铍、钼、氟化物	渗透、沉降
固废储存工段	烟尘库	铜、铅、锌、砷、金、银、铂、硒、碲、镉、铬（六价）、铬、锑、铋、镍、汞、钒、锰、铊、钴、铍、钼、氟化物	粉尘沉降、渗透

区域	污染源	涉及的主要物质	污染途径
熔吹工段	熔炼厂房	铜、铅、锌、砷、金、银、铂、硒、碲、镉、铬（六价）、铬、锑、铋、镍、汞、钒、锰、铊、钴、铍、钼、氟化物	渗透、沉降
电解工段	电解	铜、铅、锌、砷、金、银、铂、硒、碲、镉、铬（六价）、铬、锑、铋、镍、汞、钒、锰、铊、钴、铍、钼、氟化物	渗透
综合维修工段	综合维修车间	铜、铅、锌、砷、金、银、铂、硒、碲、镉、铬（六价）、铬、锑、铋、镍、汞、钒、锰、铊、钴、铍、钼、氟化物	渗透
化学水处理工段	化学水处理站	铜、铅、锌、砷、金、银、铂、硒、碲、镉、铬（六价）、铬、锑、铋、镍、汞、钒、锰、铊、钴、铍、钼、氟化物、苊烯、苊、芴、菲、蒽、荧蒽、芘、苯并[*a*]蒽、䓛、苯并[*b*]荧蒽、苯并[*k*]荧蒽、苯并[*a*]芘、茚并[1,2,3-*c*,*d*]芘、二苯并[*a*,*h*]蒽、苯并[*g*,*h*,*i*]苝	渗透、沉降
生活区	废水、废气、固体废物	铜、铅、锌、砷、金、银、铂、硒、碲、镉、铬（六价）、铬、锑、铋、镍、汞、钒、锰、铊、钴、铍、钼、氟化物	渗透、沉降
电解成堆厂	成品堆放	铜、铅、锌、砷、金、银、铂、硒、碲、镉、铬（六价）、铬、锑、铋、镍、汞、钒、锰、铊、钴、铍、钼、氟化物	渗透、沉降
制备工段	生产过程	铜、铅、锌、砷、金、银、铂、硒、碲、镉、铬（六价）、铬、锑、铋、镍、汞、钒、锰、铊、钴、铍、钼、氟化物	渗透、沉降
污水处理工段	废水	铜、铅、锌、砷、金、银、铂、硒、碲、镉、铬（六价）、铬、锑、铋、镍、汞、钒、锰、铊、钴、铍、钼、氟化物、苊烯、苊、芴、菲、蒽、荧蒽、芘、苯并[*a*]蒽、䓛、苯并[*b*]荧蒽、苯并[*k*]荧蒽、苯并[*a*]芘、茚并[1,2,3-*c*,*d*]芘、二苯并[*a*,*h*]蒽、苯并[*g*,*h*,*i*]苝	渗透、沉降

3.3.3 金属冶炼行业特征污染物清单Ⅲ

研究区域见图 3-9，研究区域位于广东省某金属冶炼厂，该冶炼厂投入生产60余年，是国内最早一批采用先进技术冶炼铅锌金属的大型冶炼厂。发展到现在，该厂已成为南方重要的铅锌冶炼生产和出口基地；其产量巨大，可作为典型冶炼行业的代表企业之一。

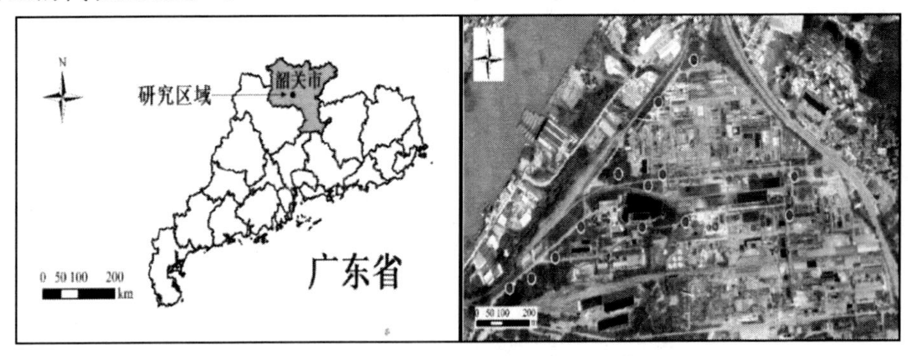

图 3-9 金属冶炼行业调研区域位置图

（1）基于 ICP-MS 的半定量分析

基于 ICP-MS 半定量分析，共筛查出元素 37 种，分别是钍、铁、钯、镭、钚、钨、镧、锆、钼、钒、锡、锗、铀、铈、铋锭、硼、锑、镁、砷、硒、铊、锂、汞、铬、铜、锌、锰、铍、钴、铅、镉、镍、铝、钛、硅、钙和钠。

孙慧等[40]研究发现砷、镉、汞、铜、镍、铅、锌的主要人为源贡献者为工业企业，可见金属冶炼行业对土壤环境的影响不容忽视。

（2）基于 GC-QTOF 高分辨质谱数据库（PCDL）筛查

通过使用 PCDL 数据库进行可疑物筛选，在所有土壤样品中共筛查和识别出66种化合物，多环芳烃类（PAHs）占比 33.3%、杂环化合物占比 13.6%、邻苯二甲酸酯类（PAEs）占比 10.6%、苯系物占比 10.6%、有机磷酸酯（OPEs）占比 7.6%。

样品中共识别出 22 种多环芳烃类（PAHs）污染物，其中有 14 种多环芳烃已经被列入我国土壤环境质量风险控制污染物黑名单，包括低环萘、苊烯、苊、芴、菲和蒽，中环荧蒽、芘和䓛，高环苯并[*k*]荧蒽、苯并[*a*]芘、二苯并[*a*]蒽、茚并[1,2,3-*c*,*d*]和苯并[*g*,*h*,*i*]苝，这与陈凤[41]等的研究结果一致。苯并[*e*]芘、苯并[*j*]荧蒽、苯并[e]芘和芘虽然不包括在监督范围内，但其风险值不容忽视。在样品中还识别出 1-甲基萘、1-甲基菲、2-甲基萘、2,3,5-三甲基萘等多环芳烃衍生物，甲基萘是生产分散染料助剂的主要原料，具有一定的毒性，也应当引起重视。

样品中识别出 7 种邻苯二甲酸酯类（PAEs）污染物，其中邻苯二甲酸二（2-乙基己）酯、邻苯二甲酸二甲酯、邻苯二甲酸二乙酯、邻苯二甲酸二异丁酯、邻苯二甲酸二丁酯共 5 种 PAEs 属于美国和欧洲优先控制的有毒污染物，具有内分泌干扰毒性且具有明显“三致”作用。PAEs 是一类常见的增塑剂，它们暴露于环境中会对人类健康产生不利的影响，如引发生殖发育毒性及肾脏和肝脏的异常[42,43]。邻苯二甲酸二丁酯是最常见的聚氯乙烯增塑剂，耐久性较差，具有生殖毒性、神经毒性及免疫毒性[44-46]。

样品中识别出磷酸三丁酯（TBP）、磷酸三（2-氯丙基）酯（TCPP）、磷酸三苯酯（TPP）等 5 种有机磷酸酯（OPEs）。OPEs 兼具阻燃剂与增塑剂的功能，其中 TPP 被认为是无卤环保型阻燃剂，可用来替代其他阻燃剂[47]。

除上述物质外，样品中还识别出蒽醌，该物质 2017 年被列入世界卫生组织国际癌症研究机构公布的致癌物清单中。此外，样品中识别出的有机磷农药毒死蜱，已被 EPA 禁止在粮食作物上使用。

（3）基于 GC-QTOF NIST 数据库进行未知物的非靶标筛查

利用 NIST 数据库进行未知物的非靶标筛查。将总离子流图解卷积得到的化合物信息与 NIST 质谱数据库进行对比，共识别出 655 种有机污染物，样品中识别出更多高环数和多基团取代的多环芳烃类。

GC-QTOF 两种筛查方法共识别出不重复有机污染物 702 种，其中多环芳烃类污染物占 40.5%，酯类污染物占 16.2%，酚类、酮类以及苯系物等污染物占 44.3%。

（4）基于 LC-QTOF 进行未知物的非靶标筛查

LC-QTOF 手段共筛查出污染物 725 种，占金属冶炼行业特征污染物清单Ⅲ中的 49.5%。

综合分析 ICP-MS、GC-QTOF 和 LC-QTOF 的筛查结果，在金属冶炼污染场地土壤样品中识别出 1 464 种污染物。如表 3-11 所示，金属冶炼行业特征污染物清单Ⅲ中污染物可分为重金属、PAEs、PAHs 及其衍生物、PCBs 等 28 类。

表 3-11 金属冶炼行业特征污染物清单III

序号	特征污染物类别	序号	特征污染物类别
1	重金属	15	醛类
2	石油烃	16	酮类
3	PAHs 及其衍生物	17	酸类（有机酸）
4	PCBs	18	酸类（无机酸）
5	多溴联苯	19	无机盐
6	PAEs	20	氧化物
7	苯系物	21	硫化物
8	有机磷	22	醚类
9	酚类	23	二噁英
10	腈类	24	杂环化合物
11	胺类	25	非金属单质
12	烃类及其衍生物	26	有机金属
13	酯类	27	双酚类
14	醇类	28	其他

3.3.4 金属冶炼行业特征污染物清单

针对我国金属冶炼行业场地土壤污染，以该行业典型企业为例，结合 3 个步骤所得出的清单 I 、清单 II 和清单III，初步构建了污染场地特征污染物筛选技术，如图 3-10 所示，3 个清单相互验证、完善和补充，共得出金属冶炼行业 1 540 种土壤特征污染物。清单 I 和清单 II 共重叠 120 种污染物，占比 7.8%；清单 I 和清单III共重叠 145 种污染物，占比 9.4%；清单 II 和清单III共重叠 115 种污染物，占比 7.5%；其中清单 I 、清单 II 和清单III重叠 114 种污染物，占比 7.4%。ICP-MS、GC-QTOF 和 LC-QTOF 识别出 1 464 种污染物，占金属冶炼行业清单的 95.1%，体现了非靶向筛查技术在未知污染物识别与解析过程中的优势。金属冶炼工艺复杂，潜在的污染物种类繁多，对于样品中存在的更多可疑污染物，应结合半定量分析技术手段以及利用标准物质加以确证，从而更加全面地获取该行业污染物的信息。

3 个清单表明，金属冶炼场地属于复合型污染地区，其中重金属、多环芳烃类（PAHs）、邻苯二甲酸酯（PAEs）是主要污染物，具有累积性强、“三致”作用

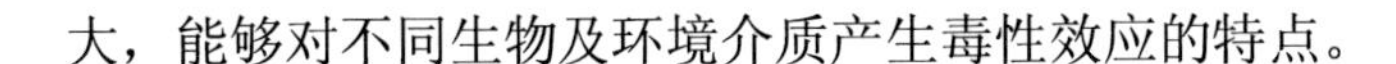

大，能够对不同生物及环境介质产生毒性效应的特点。

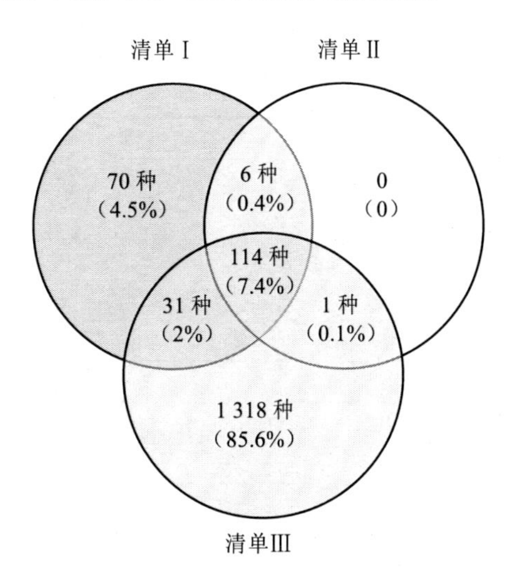

图 3-10 污染物清单 I 、清单 II 、清单III综合结果对比图

3.4 制革行业

3.4.1 制革行业特征污染物清单 I

通过收集制革行业的资料，包括排污许可申请（制革工业）、《污染源源强核算技术指南（制革工业）》（HJ 995—2018）和《制革行业清洁生产评价指标体系》等标准以及国内外发表的中文核心期刊及 SCI 文献，整理汇总得到该行业特征污染物清单 I，如表 3-12 所示，共 77 种特征污染物，包括重金属（15 种）、酚类（2 种）、烃类及其衍生物（6 种）、PAHs 及其衍生物（5 种）、PAEs（1 种）、有机金属（2 种）、醚类（1 种）、氧化物（5 种）、酯类（2 种）、硫化物（1 种）、胺类（13 种）、酸类（5 种）、双酚类（1 种）、醛类（2 种）、苯类（3 种）、杂环化合物（2 种）、非金属单质（2 种）、盐类（2 种）以及其他有机污染物（5 种）。

清单 I 表明，制革行业的土壤环境污染以重金属污染物为主，在环境中不易被分解，随食物链传递，对不同生物及环境介质引起毒性效应[48]。因此对于制革行业而言，这类污染物的管控亟须解决。

表 3-12 制革行业特征污染物清单 I

类别	特征污染物	个数
重金属	铜、锌、锰、铅、镉、砷、镍、汞、铬、三价铬、六价铬、铁、钙、锂、镭	15
酚类	4-硝基苯酚、邻苯基苯酚	2
烃类及其衍生物	丙烷、溴乙烯、乙炔、硝基甲烷、聚氯丁二烯、聚丙烯酸	6
PAHs 及其衍生物	苯并[*a*]芘、苊烯、苊、苯并芴、苯并[*a*]荧蒽	5
PAEs	邻苯二甲酸二正丁酯	1
氧化物	氧化铝、二氧化钛、二氧化硅、五氧化二磷、三氧化铬	5
硫化物	硫化锑	1
胺类	邻甲苯胺、4-氨基联苯、4-氯邻甲苯胺、2-萘胺、2,4-二氨基甲苯、2,4,5-三甲基苯胺、对氨基偶氮苯、邻氨基偶氮甲苯、2-氨基-4-硝基甲苯、三聚氰胺、间苯二胺、己内酰胺、二甲基甲酰胺	13
酸类	己酸、磷酸、硫酸、硝酸、氟化氢	5
酯类	丙烯酸甲酯、1,3-丙烷磺内酯	2
杂环化合物	苯并呋喃、酚酞	2
无机盐	亚硝酸钠、溴酸钾	2
双酚类	双酚 S	1
醛类	2,3-环氧丙醛、戊二醛	2
苯系物	苯胺、甲苯、苯	3
醚类	2,4-二氨基苯甲醚	1
非金属单质	硅、硼	2
有机金属	碳化钨、羰基镍	2
其他	氯化氢、石英粉、铋锭、烧碱石棉、Cl 颜料红 3	5
合计		77

3.4.2 制革行业特征污染物清单 II

制革行业作为轻工行业继造纸和酿造工业之后的第三大污染工业，其环境污染现状堪忧[49]。制革行业的主要污染是水污染和危险废物污染，随着《制革及毛皮加工工业水污染物排放标准》（GB 30486—2013）的颁布，现有大部分制革企业污染物排放都无法满足新的环保要求，迫切需要整治提升[50]。

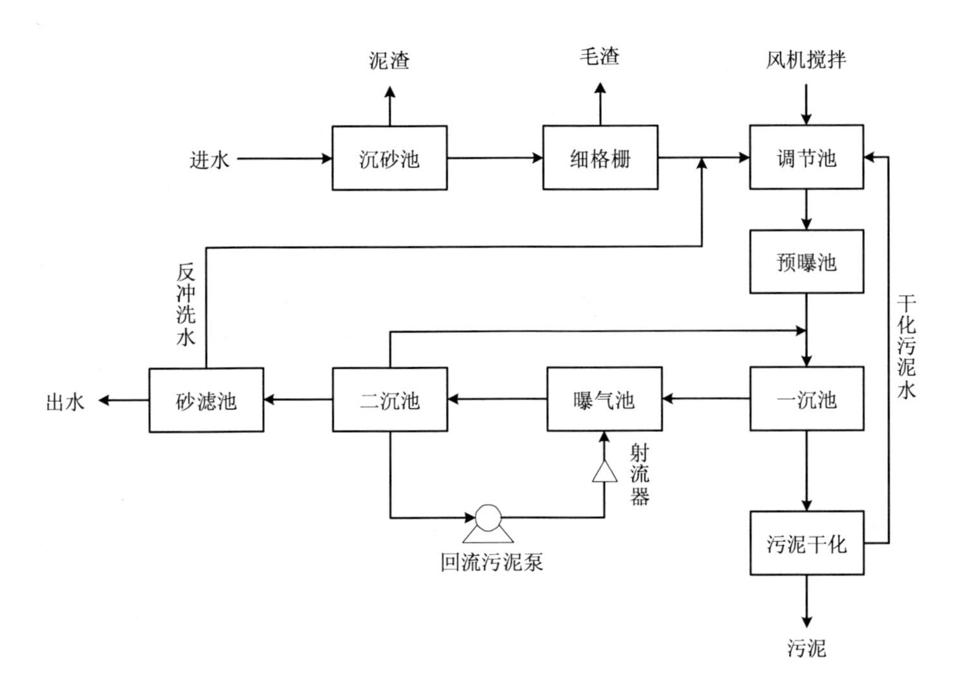

图 3-11　制革废水处理工艺流程[51]

通过了解制革生产工艺过程（图 3-11）、环境影响评价报告和土壤环境质量调查报告等资料，对重点制革企业进行全面分析等，整理汇总得到该行业特征污染物清单Ⅱ。如表 3-13 所示，共计 64 种特征污染物，包括重金属（15 种）、酚类（2 种）、烃类及其衍生物（6 种）、PAHs 及其衍生物（5 种）、PAEs（1 种）、醚类（1 种）、氧化物（3 种）、酯类（2 种）、胺类（12 种）、酸类（5 种）、双酚类（1 种）、醛类（1 种）、苯类（3 种）、杂环化合物（2 种）、非金属单质（2 种）、盐类（1 种）以及其他有机污染物（2 种）。

表 3-13　制革行业特征污染物清单Ⅱ

类别	特征污染物	个数
重金属	铜、锌、锰、铅、镉、砷、镍、汞、铬、三价铬、六价铬、铁、钙、锂、镭	15
酚类	4-硝基苯酚、邻苯基苯酚	2
烃类及其衍生物	丙烷、溴乙烯、乙炔、硝基甲烷、聚氯丁二烯、聚丙烯酸	6

类别	特征污染物	个数
PAHs及其衍生物	苯并[a]芘、苊烯、苊、苯并芴、苯并[a]荧蒽	5
PAEs	邻苯二甲酸二正丁酯	1
氧化物	二氧化硅、五氧化二磷、三氧化铬	3
胺类	4,4′-亚甲基双、邻甲苯胺、4-氨基联苯、4-氯邻甲苯胺、2-萘胺、2,4-二氨基甲苯、2,4,5-三甲基苯胺、对氨基偶氮苯、邻氨基偶氮甲苯、2-氨基-4-硝基甲苯、4,4′-二氨基二苯甲烷、3,3′-二氯联苯胺、3,3′-二甲基联苯胺、3,3′-二甲氧基联苯胺、3,3′-二甲基-4,4′-二氨基二苯甲烷、2-甲氧基-5-甲基苯胺、三聚氰胺、间苯二胺、己内酰胺	12
酸类	己酸、磷酸、硫酸、硝酸、氟化氢	5
酯类	丙烯酸甲酯、1,3-丙烷磺内酯	2
杂环化合物	苯并呋喃、酚酞	2
无机盐	亚硝酸钠	1
双酚类	双酚S	1
醛类	戊二醛	1
苯系物	苯胺、甲苯、苯	3
醚类	2,4-二氨基苯甲醚	1
非金属单质	硅、硼	2
其他	氯化氢、石英粉	2
合计		64

3.4.3 制革行业特征污染物清单

针对我国制革行业场地土壤污染，以该行业重点企业为例，结合所得出的清单Ⅰ和清单Ⅱ，基于初步构建了污染场地特征污染物筛选技术，如图3-12所示，两个清单相互验证、完善和补充，共得出制革行业土壤84种特征污染物。其中，清单Ⅰ和清单Ⅱ共重叠57种污染物，由此可见，行业实地勘察及详细工艺分析是污染物清单筛选的重要步骤，能够为加强重点行业污染源监管和防护工作提供基础支撑。

两个清单表明，制革行业场地属于复合型污染地区，其中重金属是主要污染物，不易在环境中分解，可持续存在于环境当中，随食物链传递，对不同生物及环境介质引起毒性效应。

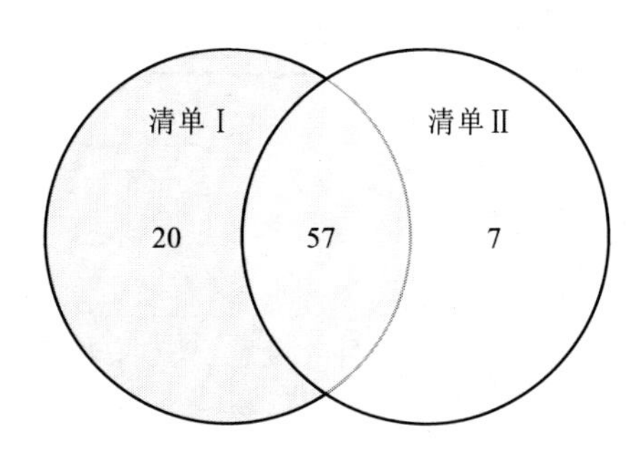

图 3-12　污染物清单Ⅰ、清单Ⅱ综合结果对比图

3.5　石油开采行业

3.5.1　石油开采行业特征污染物清单Ⅰ

通过石油开采行业的资料收集，包括排放标准两份——《陆上石油天然气开采工业大气污染物排放标准》（GB 39728—2020）、《环境影响评价技术导则　陆地石油天然气开发建设项目》（HJ/T 349—2007）和数篇国内外发表的中文核心期刊及 SCI 文献。整理汇总得到该行业特征污染物清单Ⅰ，如表 3-14 所示，共 132 种特征污染物，包括重金属（29 种）、多环芳烃及其衍生物（21 种）、苯系物（9 种）、酚类（10 种）、烃类及其衍生物（6 种）、有机氯（4 种）、杂环化合物（4 种）、有机磷（1 种）、胺类（2 种）、醛类（1 种）、有机酸类（2 种）、无机酸类（5 种）、氧化物（7 种）、无机盐（6 种）、硫化物（2 种）、非金属单质（8 种）、有机金属类（2 种）、双酚类（1 种）以及其他污染物（12 种）。

清单Ⅰ表明，石油开采行业的土壤环境主要污染物是重金属和多环芳烃及其衍生物，石油开采过程造成污染的有机烃分子量相对较大，虽然其可作为碳源为微生物提供能量，但若浓度高于 100 mg/kg 则会阻碍微生物代谢[52]，因此石油开采行业的土壤环境污染亟须关注。

表 3-14 石油开采行业特征污染物清单 I

类别	特征污染物	个数
重金属	铜、锌、锰、铅、镉、镍、汞、铬、三价铬、六价铬、铁、钙、锂、汞（无机）、铀、钯、钚、镭、钡、银、铀-234、铀-233、钚-238、钚-210、镭-226、镎-237、钍-230、铀-235、镭-228	29
PAHs 及其衍生物	苯并[*a*]蒽、苯并[*a*]芘、苯并[*b*]荧蒽、苯并[*k*]荧蒽、二苯并[*a*,*h*]蒽、茚并[1,2,3-*cd*]芘、苊烯、苊、芴、菲、蒽、荧蒽、芘、苯并[*g*,*h*,*i*]苝、䓛、萘、苯并[*j*]醋蒽烯、苯并[*c*]菲、苯并[*j*]荧蒽、苯并[*a*]荧蒽、茚	21
苯系物	甲苯、乙苯、苯、晕苯、联三甲苯、四氯联苯、邻氯硝基苯、氯苯、4-硝基甲苯	9
有机氯	α-六六六、β-六六六、γ-六六六、六六六	4
有机磷	辛硫磷	1
酚类	2,4-二氯苯酚、2,4-二硝基苯酚、4-硝基苯酚、3-甲酚、2,4,5-三氯酚、2,4,6-三氯酚、2-氯苯酚、二甲酚、对氯苯酚、间氯苯酚	10
胺类	苯胺、4-硝基苯胺	2
烃类及其衍生物	丙烷、一氟二氯乙烷、丁烯（所有异构体）、溴乙烯、乙炔、硝基甲烷	6
醛类	2,3-环氧丙醛	1
酸类（有机酸）	己酸、环戊基乙酸	2
酸类（无机酸）	磷酸、氟化氢、硫酸、硝酸、砷酸	5
无机盐	亚硝酸钠、磷铵、氟化钙、砷化镓、氯化钍、偏硅酸钙	6
氧化物	氧化铝、二氧化钛、二氧化硅、三氧化二铁、氧化镁烟气、三氧化二锑、三氧化铬	7
硫化物	硫化锑、硫化氢	2
杂环化合物	二苯并呋喃、苯并呋喃、酚酞、二苯并[*a*,*j*]吖啶	4
非金属单质	砷、硅、硼、碘-131、氡、氡-222、氡-220、氯气	8
有机金属	羰基镍、碳化钨	2
双酚类	四溴双酚 A	1
其他	氯化氢、溴化氢、杂酚油、烧碱石棉、矿油精、石英粉、润滑油基础油、白色矿物油、沸石、铋锭、赤铁矿、海泡石	12
合计		132

3.5.2　石油开采行业特征污染物清单Ⅱ

石油开采过程复杂、覆盖面广、战线长[53]，具体工艺也会由于实际开采条件和地质情况有所差异，石油开采流程见图 3-13。其中地质勘察和地震勘探是非常重要的前期工作，高效地查明目标区域能够缩小工作范围并节约成本。钻井、录井、测井、固井、完井、射孔等一系列现场建井工作完成后即可进行核心采油工序。

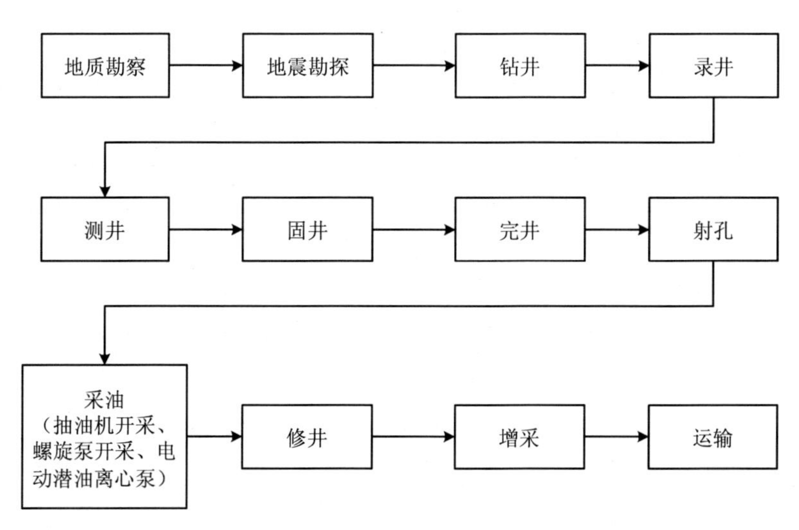

图 3-13　石油开采流程

在充分分析石油开采工艺并收集重点企业环评报告等相关资料后，总结出石油开采行业特征污染物清单Ⅱ，见表 3-15，共计 84 种特征污染物，包括重金属（26 种）、多环芳烃及其衍生物（19 种）、苯系物（6 种）、酚类（8 种）、烃类及其衍生物（4 种）、杂环化合物（3 种）、非金属单质（5 种）、胺类（1 种）、有机酸类（1 种）、无机酸类（4 种）、无机盐（1 种）、氧化物（1 种）、硫化物（1 种）以及其他污染物（4 种）。

与清单Ⅰ（132 种特征污染物）相比，清单Ⅱ少了有机氯、有机磷、醛类、有机金属类、双酚类物质，表明所调查企业可能在石油开采过程进行了相应的土壤污染防治措施和手段。

表 3-15 石油开采行业特征污染物清单 II

类别	特征污染物	个数
重金属	铜、锌、锰、铅、镉、镍、汞、铬、铁、钙、锂、汞（无机）、铀、钯、钚、镭、钡、银、铀-234、铀-233、钚-238、钚-210、镎-237、钍-230、铀-235、镭-228	26
PAHs 及其衍生物	苯并[*a*]蒽、苯并[*a*]芘、苯并[*b*]荧蒽、苯并[*k*]荧蒽、二苯并[*a*,*h*]蒽、茚并[1,2,3-*cd*]芘、苊烯、苊、芴、菲、蒽、荧蒽、芘、苯并[*g*,*h*,*i*]苝、屈、萘、苯并[*c*]菲、苯并[*j*]荧蒽、茚	19
苯系物	甲苯、乙苯、苯、联三甲苯、四氯联苯、邻氯硝基苯	6
酚类	2,4-二氯苯酚、2,4-二硝基苯酚、4-硝基苯酚、3-甲酚、2-氯苯酚、二甲酚、对氯苯酚、间氯苯酚	8
胺类	苯胺	1
烃类及其衍生物	丙烷、溴乙烯、乙炔、硝基甲烷	4
酸类（有机酸）	己酸	1
酸类（无机酸）	磷酸、氟化氢、硫酸、硝酸	4
无机盐	氟化钙	1
氧化物	二氧化硅	1
硫化物	硫化氢	1
杂环化合物	二苯并呋喃、苯并呋喃、酚酞	3
非金属单质	砷、氯气、硅、硼、氡-220	5
其他	杂酚油、烧碱石棉、沸石、赤铁矿	4
合计		84

3.5.3 石油开采行业特征污染物清单

针对我国石油开采行业场地土壤污染，结合两个步骤所得出的清单 I 和清单 II，如图 3-14 所示，清单 II 完全被清单 I 包含，共得出石油开采行业土壤 132 种特征污染物。

两个清单表明，石油化工场地属于复合型污染地区，其中重金属、多环芳烃及其衍生物、烃类化合物是主要污染物，这些污染物普遍都具有致癌、致畸、致突变的作用，随着人们对石油资源的开采和提取的同时进行[54]，对土壤环境和地下水环境的消极影响非常值得关注。

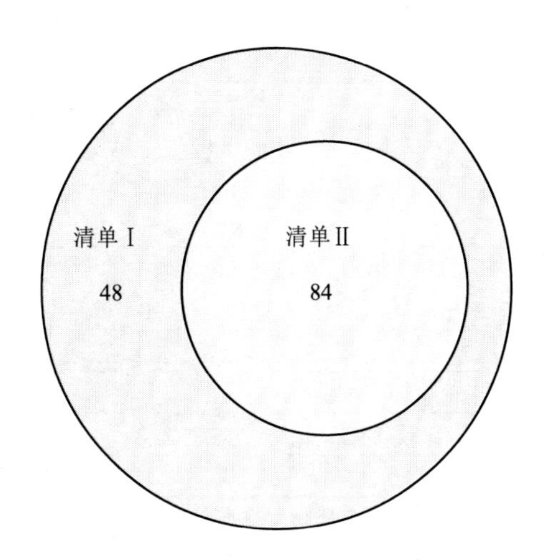

图3-14　污染物清单Ⅰ、清单Ⅱ综合结果对比图

3.6　有色金属矿采选行业

3.6.1　有色金属矿采选行业特征污染物清单Ⅰ

通过有色金属矿采选行业的资料收集，包括《清洁生产标准　铁矿采选业》（HJ/T 294—2006）和《铁矿采选工业污染物排放标准》等标准以及国内外发表的中文核心期刊及SCI文献。整理汇总得到该行业特征污染物清单Ⅰ，如表3-16所示，共101种特征污染物，包括重金属（34种）、放射性元素（13种）、烃类及其衍生物（7种）、PAHs及其衍生物（1种）、氧化物（4种）、硫化物（2种）、胺类（4种）、酸类（6种）、杂环化合物（3种）、盐类（2种）、醛类（2种）、酮类（1种）、有机磷（1种）、PAHs及其衍生物（2种）、双酚类（1种）、非金属单质（4种）、有机金属（3种）以及其他有机污染物（11种）。

清单Ⅰ表明，有色金属矿采选行业的土壤环境污染以重金属污染物为主，在环境中不易被分解，随食物链传递，对不同生物及环境介质引起毒性效应。因此，对于有色金属矿采选行业，这类污染物的管控亟须解决。

表 3-16 有色金属矿采选行业特征污染物清单 Ⅰ

类别	特征污染物	个数
重金属	铜、锌、锰、铍、钼、铅、镉、砷、镍、汞、铬、三价铬、锑（Sb）、铁、锂、汞（无机）、钒、铊、铀、锆、钍、钨、钯、钚、镭、金、铝、钛、铂、锇、铱、钌、铟、六价铬	34
放射性元素	碘-131、铀-234、铀-233、钚-238、钚-210、镭-226、镎-237、钍-230、氡-222、铀-235、镭-228、氡-220、锶-90	13
烃类及其衍生物	丙烷、溴乙烯、乙炔、硝基甲烷、四氯乙烯、二乙基二硫代氨、溴氯甲烷	7
PAHs 及其衍生物	苯并[*a*]荧蒽、苊烯	2
氧化物	氧化铝、二氧化钛、二氧化硅、三氧化铬	4
硫化物	硫化锑、硫脲	2
胺类	苯胺、甲苯、*N*-亚硝基苯胺、硫代乙酰胺	4
酸类	磷酸、氟化氢、硫酸、硝酸、砷酸、己酸	6
杂环化合物	酚酞、苯并呋喃、二苯并[*a,j*]吖啶	3
无机盐	磷铵、基甲酸钠	2
醛类	丁烯醛、2,3-环氧丙醛	2
酮类	甲基异丁基甲酮	1
有机磷	辛硫磷	1
双酚类	四溴双酚 A	1
非金属单质	硅、钙、硒、硼	4
有机金属	五羰基铁、羰基镍、碳化钨	3
其他	氯化氢、氯气、杂酚油、烧碱石棉、矿油精、石英粉、铋锭、氡、海泡石、偏硅酸钙、铁石棉	11
合计		101

3.6.2 有色金属矿采选行业特征污染物清单Ⅱ

有色金属矿采选业是《土壤污染防治行动计划》中规定的土壤污染重点行业，其对土壤产生的污染主要是重金属污染[55]。选矿过程往往产生大量废水，有色金属矿采选过程中产生的废水含有重金属等有害离子，从而对环境造成了影响[56]。

通过了解行业内重点企业生产工艺过程（图 3-15）、环境影响评价报告和土壤环境质量调查报告等资料，对企业进行全面分析等，整理汇总得到该行业特征污染物清单Ⅱ。如表 3-17 所示，共计 80 种特征污染物，包括重金属（34 种）、放射性元素（13 种）、烃类及其衍生物（5 种）、PAHs 及其衍生物（2 种）、氧化物

（2 种）、胺类（2 种）、酸类（6 种）、杂环化合物（2 种）、盐类（1 种）、醛类（1 种）、双酚类（1 种）、非金属单质（4 种）以及其他有机污染物（6 种）。

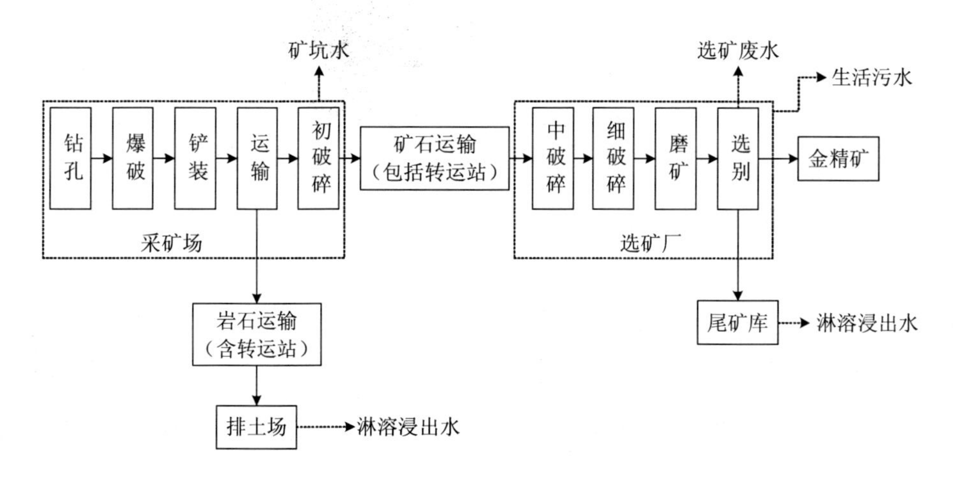

图 3-15　有色金属矿采选主要生产工艺及产排污节点[57]

表 3-17　有色金属矿采选行业特征污染物清单 II

类型	特征污染物	个数
重金属	铜、锌、锰、铍、钼、铅、镉、砷、镍、汞、铬、三价铬、锑（Sb）、铁、锂、汞（无机）、钒、铊、铀、锆、钍、钨、钯、钚、镭、金、铝、钛、铂、锇、铱、钌、铟、六价铬	34
放射性元素	碘-131、铀-234、铀-233、钚-238、钚-210、镭-226、镎-237、钍-230、氡-222、铀-235、镭-228、氡-220、锶-90	13
烃类及其衍生物	丙烷、溴乙烯、乙炔、四氯乙烯、溴氯甲烷	5
PAHs 及其衍生物	苯并[a]荧蒽、苊烯	2
氧化物	二氧化硅、三氧化铬	2
胺类	苯胺、甲苯	2
酸类	磷酸、氟化氢、硫酸、硝酸、砷酸、己酸	6
杂环化合物	酚酞、苯并呋喃	2
无机盐	磷铵	1
醛类	丁烯醛	1
双酚类	四溴双酚 A	1
非金属单质	硅、钙、硒、硼	4
其他	氯化氢、氯气、矿油精、氡、海泡石、偏硅酸钙	6
合计		80

3.6.3 有色金属矿采选行业特征污染物清单

针对我国有色金属矿采选行业场地土壤污染，以该行业重点企业为例，结合所得出的清单Ⅰ和清单Ⅱ，初步构建了污染场地特征污染物筛选技术，如图 3-16 所示，清单Ⅱ完全被清单Ⅰ包含，共得出有色金属矿采选行业土壤 101 种特征污染物。其中，清单Ⅰ和清单Ⅱ共重叠 80 种污染物。

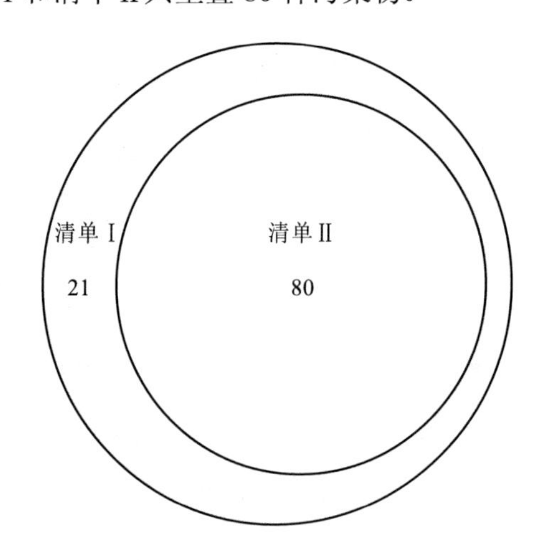

图 3-16 污染物清单Ⅰ、清单Ⅱ综合结果对比图

两个清单表明，有色金属矿采选行业场地属于复合型污染地区，其中重金属是主要污染物，不易在环境中分解，可持续存在于环境当中，随着食物链传递，对不同生物及环境介质引起毒性效应。

3.7 电镀行业

3.7.1 电镀行业特征污染物清单Ⅰ

通过电镀行业的资料收集，包括《清洁生产标准 电镀行业》（HJ/T 314—2006）等标准以及国内外发表的中文核心期刊及 SCI 文献。整理汇总得到该行业特征污染物清单Ⅰ，如表 3-18 所示，共 140 种特征污染物，包括重金属（17 种）、全氟化合物（35种）、联苯类（14种）、酚类（5种）、烃类及其衍生物（9种）、PAHs及其衍生物（1种）、氧化物（7种）、硫化物（2种）、胺类（5种）、有机氯（1种）、酮类（2种）、酸类（6种）、酯类（11种）、杂环化合物（7种）、无机盐（1种）、双酚类（1种）、苯类（1种）、醚类（1种）、非金属单质（3种）、有机金属（2种）以及其他（9种）。

清单Ⅰ表明，电镀行业的土壤环境污染以全氟化合物污染物为主，这类污染物相当一部分都具有致癌、致畸、致突变的作用，可持续存在于环境当中，随着食物链传递，对不同生物及环境介质引起毒性效应[58]。因此，对于电镀行业，这类污染物的管控亟须解决。

表3-18 电镀行业特征污染物清单Ⅰ

类别	特征污染物	个数
重金属	铜、锌、锰、铅、镉、砷、镍、汞、铬、三价铬、六价铬、铁、锂、汞（无机）、铈、镭、镨	17
全氟化合物	全氟乙烷磺酸、全氟丙烷磺酸、全氟丁烷磺酸、全氟戊烷磺酸、全氟己烷磺酸、全氟庚烷磺酸、全氟辛烷磺酸、全氟壬烷磺酸、全氟癸烷磺酸、全氟十一烷磺酸、全氟十二烷磺酸、三氟乙酸、全氟丙酸、全氟丁酸、全氟戊酸、全氟己酸、全氟庚酸、全氟辛酸、全氟壬酸、全氟癸酸、全氟十一烷酸、全氟十二烷酸、全氟十三烷酸、全氟十四烷酸、全氟十五烷酸、全氟十六烷酸、全氟十七烷酸、全氟十八烷酸、全氟辛基磺酸铵、全氟辛基磺酰氟、全氟辛基磺酸钾、全氟（2-甲基-3-氧杂己酸）铵、6∶2氯代多氟醚磺酸、六氟环氧丙烷三聚酸、4,8-二氧杂环乙烷-3H-全氟壬酸	35
联苯类	2,3,3′,4,4′,5,5′-七氯联苯、2,3,3′,4,4′,5-多氯联苯、2,3,3′,4,4′,5′-六氯联苯、2,3,3,4,4-五氯二苯酚、2,3′,4,4′,5,5′-六氯联苯、2,3,4,4′,5-五氯联苯、2′,3,4,4′,5-五氯联苯、3,3′,4,4′,5,5′-六氯联苯、3,3′,4,4′,5-五氯联苯、3,3,4,4-四氯联苯、3,4,4′,5-四氯联苯、2,2′,3,3′,5,5′-六溴联苯、五氯联苯、多溴联苯	14
酚类	2,4,6-三氯酚、2,3,5,6-四氯酚、3-甲酚、2,3,4,6-四氯酚、2-氨基-5-硝基苯酚	5
烃类及其衍生物	丙烷、乙炔、硝基甲烷、一氟二氯乙烷、3-氯-1-丙炔、1,2-二氯丙烷、四氯化碳、四氯乙烯（全氯乙烯）、溴乙烯	9

类别	特征污染物	个数
PAHs 及其衍生物	苊烯	1
氧化物	氧化铝、二氧化钛、二氧化硅、三氧化钼、三氧化锑、氧化铟锡、三氧化铬	7
硫化物	硫化锑、三硫化二锑	2
胺类	苯胺、*N,N*-二甲基苯胺、己内酰胺、硫代乙酰胺、二乙醇胺	5
有机氯	滴滴涕	1
酮类	2-咪唑烷基硫酮、环己酮	2
酸类	磷酸、氟化氢、硫酸、硝酸、氯化氢、己酸	6
酯类	邻苯二甲酸二正丁酯、邻苯二甲酸二乙酯、邻苯二甲酸二环己酯、三氯乙基磷酸酯、磷酸三（2-氯丙基）酯、磷酸三异丁酯、己二酸二（2-乙基己）酯、丙烯酸甲酯、硫酸二乙酯、丙烯酸 2-乙基己、酯、氨基甲酸甲酯	11
杂环化合物	苯并[*a*]荧蒽、苯并呋喃、1,4-二氧己环、二苯并[*a,j*]吖啶、8-羟基喹啉、吗啉、氮丙啶	7
无机盐	亚硝酸钠	1
双酚类	双酚 S	1
苯类	晕苯	1
醚类	双酚 A 二缩水甘油醚（环氧类树脂）	1
非金属单质	硅、钙、硼	3
有机金属	羰基镍、碳化钨	2
其他	颜料红 53：1、Cl 颜料红 114、杂酚油、石英粉、tris（3-chloro-1-propyl）phosphate、铋锭、Cl 颜料红 3、炭黑、磷化铟	9
合计		140

3.7.2 电镀行业特征污染物清单 II

电镀生产是连续化直链式的过程，在电镀生产过程中，各类槽液是重要的污染来源，特别是主槽溶液中含有多种化学成分。电镀清洗是污染物产生的重要环节，将敞开式清洗系统改为闭路式循环清洗系统，采用逆流漂洗、喷淋等设备，将污染物最大限度地消除在生产过程中[58,59]。

通过了解行业内重点企业生产工艺过程（图3-17）以及环境影响评价报告、清洁生产报告、土壤环境质量调查报告以及土壤及地下水自行监测报告等资料，对企业进行全面分析等，整理汇总得到该行业特征污染物清单Ⅱ。如表3-19所示，共计94种特征污染物，包括重金属（17种）、全氟化合物（35种）、联苯（14种）、酚类（4种）、烃类及其衍生物（2种）、PAHs及其衍生物（1种）、氰化物（1种）、胺类（3种）、有机氯（1种）、酮类（1种）、酯类（6种）、杂环化合物（1种）、非金属单质（3种）、有机金属（1种）以及其他污染物（4种）。

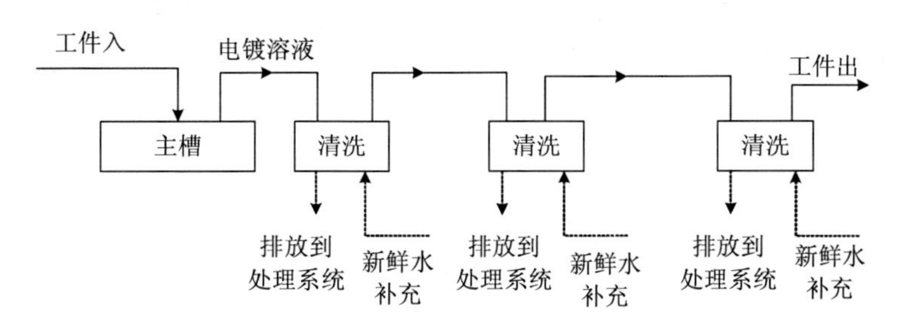

（a）敞开式清洗系统

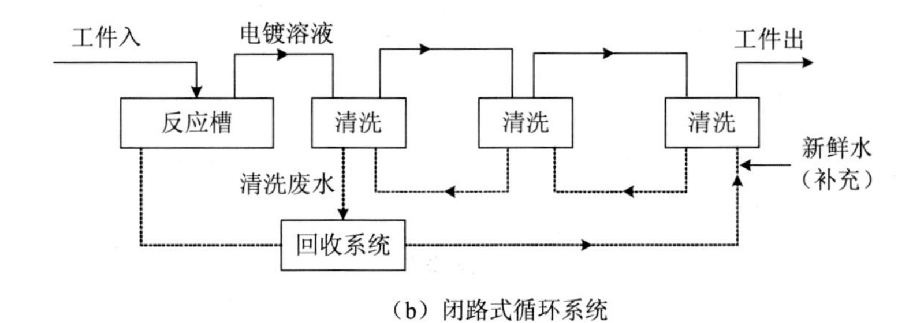

（b）闭路式循环系统

图3-17 设备设施流程[58]

表 3-19 电镀行业特征污染物清单Ⅱ

类别	特征污染物	个数
重金属	铜、锌、锰、铅、镉、砷、镍、汞、铬、三价铬、六价铬、铁、锂、汞（无机）、铈、镭、镨	17
全氟化合物	全氟乙烷磺酸、全氟丙烷磺酸、全氟丁烷磺酸、全氟戊烷磺酸、全氟己烷磺酸、全氟庚烷磺酸、全氟辛烷磺酸、全氟壬烷磺酸、全氟癸烷磺酸、全氟十一烷磺酸、全氟十二烷磺酸、三氟乙酸、全氟丙酸、全氟丁酸、全氟戊酸、全氟己酸、全氟庚酸、全氟辛酸、全氟壬酸、全氟癸酸、全氟十一烷酸、全氟十二烷酸、全氟十三烷酸、全氟十四烷酸、全氟十五烷酸、全氟十六烷酸、全氟十七烷酸、全氟十八烷酸、全氟辛基磺酸铵、全氟辛基磺酰氟、全氟辛基磺酸钾、全氟（2-甲基-3-氧杂己酸）铵、6∶2 氯代多氟醚磺酸、六氟环氧丙烷三聚酸、4,8-二氧杂环乙烷-3H-全氟壬酸	35
联苯类	2,3,3′,4,4′,5,5′-七氯联苯、2,3,3′,4,4′,5-多氯联苯、2,3,3′,4,4′,5′-六氯联苯、2,3,3,4,4-五氯二苯酚、2,3′,4,4′,5,5′-六氯联苯、2,3,4,4′,5-五氯联苯、2′,3,4,4′,5-五氯联苯、3,3′,4,4′,5,5′-六氯联苯、3,3′,4,4′,5-五氯联苯、3,3,4,4-四氯联苯、3,4,4′,5-四氯联苯、2,2′,3,3′,5,5′-六溴联苯、五氯联苯、多溴联苯	14
酚类	2,4,6-三氯酚、2,3,5,6-四氯酚、3-甲酚、2,3,4,6-四氯酚	4
烃类及其衍生物	乙炔、溴乙烯	2
PAHs 及其衍生物	苊烯	1
氧化物	三氧化铬	1
胺类	苯胺、*N*,*N*-二甲基苯胺、己内酰胺	3
有机氯	滴滴涕	1
酮类	2-咪唑烷基硫酮	1
酯类	邻苯二甲酸二正丁酯、邻苯二甲酸二乙酯、邻苯二甲酸二环己酯、三氯乙基磷酸酯、磷酸三（2-氯丙基）酯、磷酸三异丁酯	6
杂环化合物	苯并呋喃	1
非金属单质	硅、钙、硼	3
有机金属	碳化钨	1
其他	颜料红 53∶1、Cl 颜料红 114、tris（3-chloro-1-propyl）phosphate、铋锭	4
合计		94

3.7.3 电镀行业特征污染物清单

针对我国电镀行业场地土壤污染，以该行业重点企业为例，结合所得出的清单Ⅰ和清单Ⅱ，初步构建了污染场地特征污染物筛选技术，如图 3-18 所示，清单

Ⅱ完全被清单Ⅰ包含，共得出电镀行业土壤 140 种特征污染物。其中，清单Ⅰ和清单Ⅱ共重叠 94 种污染物。

两个清单表明，电镀行业场地属于复合型污染地区，其中多溴联苯、全氟化合物是主要污染物，而且也有相当量的重金属存在于土壤中，这些污染物普遍都具有致癌、致畸、致突变的作用，可持续存在于环境当中，随着食物链传递，对不同生物及环境介质引起毒性效应[60,61]。

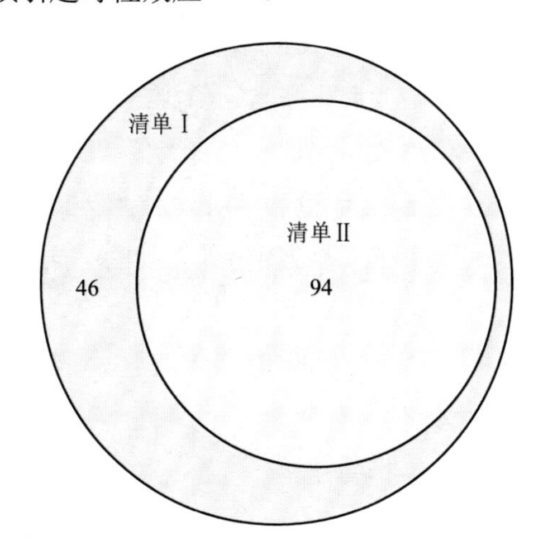

图 3-18　污染物清单Ⅰ、清单Ⅱ综合结果对比图

3.8　化工行业

3.8.1　化工行业特征污染物清单Ⅰ

通过对化工行业的排放标准、技术规范和政策要求等相关资料收集，对该行业特征污染物情况进行整理分析。

调研排放标准 13 份《无机化学工业污染物排放标准》（GB 31573—2015）、《化学工业水污染物排放标准》（DB 32/939—2020）、《污水综合排放标准》（GB 8978—1996）、《炼焦化学工业污染物排放标准》（GB 16171—2012）、《工业炉窑大气污染物排放标准》（GB 9078—1996）、《工业防护涂料中有害物质限量》（GB 30981—

2020)、《大气污染物综合排放标准》(GB 16297—1996)、《恶臭污染物排放标准》(GB 14554—1993)、《化学工业挥发性有机物排放标准》(DB 32/3151—2016)、《化学合成类制药工业大气污染物排放标准》(DB 33/2015—2016)、《工业企业挥发性有机物排放控制标准》(DB 13/2322—2016)、《挥发性有机物排放标准 第 2 部分:有机化工行业》(DB 36/1101.2—2019)、《有机化学品制造业大气污染物排放标准》(DB 11/1385—2017),调研技术规范 3 份《排污许可证申请与核发技术规范 无机化学工业》(HJ 1035—2019)、《建设项目竣工环境保护设施验收技术规范 乙烯工程》(HJ 406—2021)、《化工企业温室气体排放核查技术规范》(RB/T 252—2018),以及整理《全国土壤污染状况调查公报》(化工医药)、《土壤污染重点行业企业筛选原则》(化工医药)、《环境影响评价技术导则 石油化工建设项目》(HJ/T 89—2003)等多个标准和 50 余篇国内外发表的中文核心期刊及 SCI 文献。分析汇总得到该行业特征污染物清单 I。

如表 3-20 所示,化工行业特征污染物清单 I 共 3 370 种特征污染物,包括重金属(33 种)、非金属单质(24 种)、氧化物(108 种)、无机化合物(234 种)、无机酸(27 种)、无机盐(242 种)、烃类及其衍生物(401 种)、腈基化合物(53 种)、苯系物及其衍生物(194 种)、胺类化合物(281 种)、醇类化合物(84 种)、酚类化合物(109 种)、醛类化合物(38 种)、醚类化合物(76 种)、酮类化合物(85 种)、酰基类化合物(77 种)、脲类化合物(30 种)、多氯联苯(20 种)、多溴联苯(11 种)、多环芳烃及其衍生物(99 种)、有机氯化合物(39 种)、有机磷化合物(38 种)、二噁英(6 种)、有机酸(123 种)、酸酐类化合物(15 种)、酯类化合物(388 种)、有机盐(121 种)、金属有机化合物(70 种)、杂环化合物(234 种)以及其他污染物(111 种)。

表 3-20 化工行业特征污染物清单 I

类别	特征污染物	个数
重金属	铜、锌、锰、钾、镁、钠、铍、铅、镉、镍、汞、铬、三价铬、六价铬、锑、铁、钙、锂、铊、铈、锆、镧、钚、镭-226、钡、铝、钛、镨、镭-224、钍-228、铵、铷、铯	33
非金属单质	砷、氯气、硅、氟、硒、硼、氨、氮、磷、溴、硫、碘-131、氡、炭黑、磷-32、氘、氦、氪、氖、氢、氙、氩、氧、红磷	24

类别	特征污染物	个数
氧化物	氧化铝、二氧化钛、二氧化硅、二叔丁基过氧化物、三氧化铬、一氧化铅、四氧化三铅、二氧化硫、一氧化碳、二氧化氯、氮氧化合物、二氧化碳、三氧化钼、五氧化二钒、叔丁基过氧化氢、五氧化二磷、三氧化锑、4-乙烯基-1-环己烯二环氧化物、氮氧化物、2-巯基吡啶-*N*-氧化物、氧化镥、氮芥*N*-氧化物、三氧化二铬、氧化锌、倒千里光碱*N*-氧化物、氧化苦参碱、超氧化钾、超氧化钠、二-（1-羟基环己基）过氧化物、二-（2-苯氧乙基）过氧重碳酸酯、二-（2-甲基苯甲酰）过氧化物、二-（4-甲基苯甲酰）过氧化物、二丁基氧化锡、二-叔戊基过氧化物、二氧化氮	108
无机化合物	氯化氢、溴化氢、硫化锑、辛硫磷、氟化氢、硫化氢、氟化钙、氯化汞、氰、三氯化铝、四氯化碳、二硫化碳、砷化镓、碳化钨、氨氮、氯化钍、三硫化二锑、氯化钇、亚硫化镍、碳化硅、氨基化钙、氨基化锂、氢氧化铵、氮化锂、氮化镁、碲化镉、碘化钾汞、碘化氢、碘化亚汞、碘化亚铊、叠氮化钡、叠氮化钠、叠氮化铅、多硫化铵、二碘化汞、二氟化氧、二硫化钛、二硫化硒、二氯化硫、二氯硫化碳、二水合三氟化硼、氟化铵、氟化钡、氟化锆、氟化镉、氟化铬、氟化汞、氟化钴、氟化钾、氟化镧、氟化锂、氟化铅、氟化氢钾、氟化氢钠、氟化铷、氟化铯、氟化铜、氟化锌、氟化亚钴、硅钙、硅化钙、硅化镁、H6MgSi、硅锂、硅铝、硅锰钙、硅铁锂、过硼酸钠、甲基溴化镁、钾汞齐、钾钠合金、磷化钙、磷化钾、磷化铝、磷化镁、磷化钠、磷化锶、磷化锡、磷化锌、硫化钡、硫化镉、硫化汞、硫化钾、硫化钠、硫氢化钙、硫氢化钠、硫酸氢钠、硫酸氢钠一水合物、六氟化碲、六氟化硫、六氟化钨、六氟化硒、氯化铵汞、氯化钡、氯化镉、氯化钴、氯化钾汞、氯化镍、氯化铍、氯化氰、氯化铜、氯化硒、氯化锌、氯化溴、氯化亚砜、氯化亚汞、氯化亚铊、硼氢化钾、硼氢化锂、硼氢化铝、硼氢化钠、七硫化四磷、氢化钡、氢化钙、氢化锆、氢化钾、氢化锂、氢化铝、氢化铝锂、氢化铝钠、氢化镁、氢化钠、氢化钛、氢氧化钡、氢氧化钾、氢氧化锂、氢氧化钠、氢氧化铍、氢氧化铷、氢氧化铯、氢氧化铊、氰氨化钙、氰化钡、氰化碘、氰化钙、氰化镉、氰化汞、氰化汞钾、氰化亚钴、氰化钴、氰化钾、氰化金、氰化钠、氰化镍、氰化镍钾、氰化铅、氰化铜、氰化锌、氰化溴、氰化金钾、氰化亚金钾、氰化亚铜、氰化亚铜三钾、氰化亚铜三钠、氰化银、氰化银钾、三碘化砷、三碘化铊、三碘化锑、三氟化铋、三氟化氮、三氟化磷、三氟化氯、三氟化砷、三氟化锑、三氟化溴、三硫化二磷、三硫化四磷、三氯化碘、三氯化钒、三氯化磷、三氯化钼、三氯化硼、三氯化砷、三氯化钛、三氯化锑、三氯化铁、三氯氧磷、三溴化碘、三溴化磷、三溴化铝、三溴化硼、三溴化砷、三溴化锑、砷化汞、砷化锌、四碘化锡、四氟化硅、四氟化硫、四氟化铅、四氯化碲、四氯化钒、四氯化锆、四氯化硅、四氯化硫、四氯化铅、四氯化硒、四氯化锡、四氯化锡五水合物、四氯化锗、四溴化硒、四溴化锡、碳化铝、锑化氢、五氟化铋、五氟化碘、五氟化磷、五氟化氯、五氟化锑、五氟化溴、五硫化二磷、五氯化磷、五氯化钼、五氯化铌、五氯化钽、五氯化锑、五溴化磷、硒化镉、硒化铅、硒化氢、硒化铁、硒化锌、硝酸钾、溴化汞、溴化硒、溴化亚汞、溴化亚铊、氧氯化铬、氧氯化硫、氧氯化硒、氧氰化汞、一氯化碘、一氯化硫、一溴化碘	234

类别	特征污染物	个数
无机酸	磷酸、硫酸、硝酸、砷酸、铬酸雾、硫酸雾、氢氰酸、次磷酸、碘酸、碘酸钾合一碘酸、碘乙酸、二氟磷酸、发烟硫酸、发烟硝酸、氟硅酸、氟磺酸、氟硼酸、高碘酸、高氯酸、氯铂酸、氯磺酸、氯酸、硼酸、偏砷酸、硒酸、亚磷酸、亚硫酸	27
无机盐	亚硝酸钠、磷铵、乙酸铅、硝酸铅、硫酸钴（七水）、溴酸钾、铝酸钙、亚磷酸二氢钾、镁合三氧化硅、碳酸锂、硫酸铜、重铬酸钠二水合物、次氯酸钡、次氯酸钠、碘酸铵、碘酸钡、碘酸镉、碘酸钾、碘酸锂、碘酸锰、碘酸钠、碘酸铅、碘酸锶、碘酸铁、碘酸锌、碘酸银、多钒酸铵、钒酸铵钠、钒酸钾、氟锆酸钾、氟硅酸铵、氟硅酸钾、氟硅酸钠、氟化氢铵、氟磷酸、氟硼酸镉、氟硼酸铅、氟硼酸锌、氟硼酸银、氟铍酸钠、氟钽酸钾、高碘酸铵、高碘酸钡、高碘酸钾、高碘酸钠、高氯酸铵、高氯酸钡、高氯酸钙、高氯酸钾、高氯酸锂、高氯酸镁、高氯酸钠、高氯酸铅、高氯酸锶、高氯酸亚铁、高氯酸银、高锰酸钡、高锰酸钙、高锰酸钾、高锰酸钠、高锰酸锌、高锰酸银、铬酸钾、铬酸钠、铬酸铍、铬酸铅、硅酸铅、硅酸铅、硅铁铝、过二硫酸铵、过二硫酸钾、过二碳酸钠、过硫酸钠、过硼酸钠、高硼酸钠、核酸汞、环烷酸钴、连二亚硫酸钙、连二亚硫酸钾、连二亚硫酸钠、连二亚硫酸锌、磷酸亚铊、硫化铵、硫氰酸苄、硫氰酸钙、硫氰酸汞、硫氰酸汞铵、硫氰酸汞钾、硫酸镉、硫酸汞、硫酸钴、硫酸镍、硫酸铍、硫酸铍钾、硫酸铅、硫酸氢铵、硫酸氢钾、硫酸铊、硫酸亚汞、硫酸氧钒、六氟硅酸镁、六氟合硅酸钡、六氟合硅酸锌、氯锇酸铵、氯酸铵、氯酸钡、氯酸钙、氯酸钾、氯酸钠、氯酸铯、氯酸锶、氯酸铊、氯酸铜、氯酸锌、氯酸银、氯乙酸钠、锰酸钾、偏钒酸铵、偏钒酸钾、偏硅酸钠、偏砷酸钠、砷酸铵、砷酸钡、砷酸二氢钠、砷酸钙、砷酸汞、砷酸钾、砷酸镁、砷酸钠、砷酸铅、砷酸氢二铵、砷酸氢二钠、砷酸锑、砷酸铁、砷酸铜、砷酸锌、砷酸亚铁、砷酸银、碳酸铍、碳酸亚铊、硒酸钡、硒酸钾、硒酸钠、硒酸铜、硝酸铵、硝酸钡、硝酸苯汞、硝酸铋、硝酸镝、硝酸铒、硝酸钙、硝酸锆、硝酸镉、硝酸铬、硝酸汞、硝酸钴、硝酸胍、硝酸镓、硝酸镧、硝酸铑、硝酸锂、硝酸镥、硝酸铝、硝酸镁、硝酸锰、硝酸钠、硝酸镍、硝酸钕、硝酸钕镨、硝酸铍、硝酸镨、硝酸铯、硝酸钐、硝酸铈、硝酸铈铵、硝酸锶、硝酸铊、硝酸铁、硝酸铜、硝酸锌、硝酸亚汞、硝酸氧锆、硝酸钇、硝酸镱、硝酸铟、硝酸银、辛酸亚锡、溴酸钡、溴酸镉、溴酸镁、溴酸钠、溴酸铅、溴酸锶、溴酸锌、溴酸银、亚碲酸钠、亚磷酸二氢铅、亚硫酸氢铵、亚硫酸氢钙、亚硫酸氢钾、亚硫酸氢镁、亚硫酸氢钠、亚硫酸氢锌、亚氯酸钙、亚砷酸钡、亚砷酸钙、亚砷酸钾、亚砷酸铅、亚砷酸锶、亚砷酸铁、亚砷酸铜、亚砷酸锌、亚砷酸银、亚硒酸、亚硒酸钡、亚硒酸钙、亚硒酸钾、亚硒酸铝、亚硒酸镁、亚硒酸钠、亚硒酸氢钠、亚硒酸铈、亚硒酸铜、亚硒酸银、亚硝基硫酸、亚硝酸铵、亚硝酸钡、亚硝酸钙、亚硝酸钾、亚硝酸镍、亚硝酸锌铵、仲高碘酸钾、仲高碘酸钠、重铬酸铵、重铬酸钡、重铬酸钾、重铬酸锂、重铬酸钠、重铬酸铯、重铬酸铜、重铬酸锌、重铬酸银	242

类别	特征污染物	个数
烃类及其衍生物	烷烃类及其衍生物： 丙烷、环氧氯丙烷、甲烷、1,2-环氧丁烷、一氟二氯乙烷、硝基甲烷、1,1-二氟乙烷、2,2,5-三甲基己烷、异己烷、3,3-二甲基已烷、1,1-二甲基环己烷、氯甲烷、氯仿、1,1-二氯乙烷、乙烷、溴仿、正丁烷、正戊烷、异戊烷、正己烷、异丁烷、一氯二溴甲烷、二氯甲烷、1,2-二氯乙烷、环己烷、溴甲烷、溴乙烷、环氧乙烷、环氧丙烷、1,2-二氯丙烷、二氯氟甲烷、六氯乙烷、溴氯甲烷、1-溴-3-氯丙烷、1,1-二氯丙烷、2,3,4-三甲基戊烷、2,4-二甲基庚烷、乙基环戊烷、2,2,3-三甲基丁烷、溴代异丁烷、2-甲基-3-乙基戊烷、环硫乙烷、氮芥、二乙氧基二甲基硅烷、异辛烷、六甲基二硅氧烷、4,4-二甲基庚烷、4,4′-二氨基二苯甲烷、4,4′-二氨基-3,3′-二氯二苯甲烷、不饱和烷基胺与二羧基酐反应产物、*β*-六氯环己烷,、1,2-二溴-3-氯丙烷、*N,N,N′,N′*-四甲基-4,4′-二氨基二苯甲烷、二溴氯甲烷、1,2-双（氯甲氧基）乙烷、2,4,6,8-四甲基-2-（2-三甲氧基甲硅烷基）乙基环四硅氧烷、双环氧丁烷、工业级六氯环己烷、六溴环十二烷、三氯氟乙烷、*δ*-六氯环己烷,、二氯三氟乙烷、1,2,3-三（氯甲氧基）丙烷、六氟环氧丙烷、1,1-亚甲基双（4-异氰酸根合环己烷）、氯氟甲烷、二溴氯丙烷、溴二氯乙烷、二溴氯乙烷、氯二氟甲烷、1,1,1,2-四氟乙烷、*N*-亚硝基吡咯烷、1,2-二溴-3-氯丙烷、1-氨基丙烷、2-氨基丙烷、八氟丙烷、八氟环丁烷、苯基三氯硅烷、丙基三氯硅烷、1-碘-2-甲基丙烷、2-碘-2-甲基丙烷、1-碘-3-甲基丁烷、1-碘丙烷、2-碘丙烷、1-碘丁烷、2-碘丁烷、碘甲烷、1-碘戊烷、碘乙烷、丁基三氯硅烷、1-（对氯苯基）-2,8,9-三氧-5-氮-1-硅双环（3,3,3）十二烷、二-（2-羟基-3,5,6-三氯苯基）甲烷、2,2-二-（4,4-二（叔丁基过氧环己基）丙烷、1,6-二-（过氧化叔丁基-羰基氧）己烷、2,2-二-（叔戊基过氧）丁烷、二苯基二氯硅烷、二苄基二氯硅烷、二碘甲烷、二氟甲烷、4,4-二甲基-1,3-二噁烷、2,5-二甲基-1,4-二噁烷、2,5-二甲基-2,5-二-（2-乙基己酰过氧）己烷、2,2-二甲基丙烷、2,2-二甲基丁烷、2,3-二甲基丁烷、二甲基二氯硅烷、2,2-二甲基庚烷、2,3-二甲基庚烷、2,5-二甲基庚烷、3,3-二甲基庚烷、3,4-二甲基庚烷、3,5-二甲基庚烷、1,2-二甲基环己烷、1,3-二甲基环己烷、1,4-二甲基环己烷、1,1-二甲基环戊烷、1,2-二甲基环戊烷、1,3-二甲基环戊烷、2,2-二甲基己烷、2,3-二甲基己烷、2,4-二甲基己烷、2,2-二甲基戊烷、2,3-二甲基戊烷、2,4-二甲基戊烷、3,3-二甲基戊烷、2,2-二甲氧基丙烷、二甲氧基甲烷、1,1-二甲氧基乙烷、1,2-二甲氧基乙烷、1,1-二氯-1-硝基乙烷、二氯苯基三氯硅烷、1,4-二氯丁烷、二氯硅烷、1,5-二氯戊烷、1,3-二硝基丙烷、2,2-二硝基丙烷、1,2-二溴丙烷、二溴二氟甲烷、二溴甲烷、1,2-二溴乙烷、二溴异丙烷、1-二乙基氨基-4-氨基戊烷、二乙氧基甲烷、1,1-二乙氧基乙烷、氟甲烷、氟乙烷、癸硼烷、环丙烷、环丁烷、环庚烷、2-环己基丁烷、环己基三氯硅烷、环己基异丁烷、1-环己基正丁烷、环烷酸锌、环戊烷、环辛烷、1,8-环氧对孟烷、己基三氯硅烷、甲基苯基二氯硅烷、甲基二氯硅烷、2-甲基庚烷、3-甲基庚烷、4-甲基庚烷、甲基环己烷、甲基环戊烷、3-甲基己烷、	401

类别	特征污染物	个数
烃类及其衍生物	甲基氯硅烷、甲基三氯硅烷、甲基三乙氧基硅烷、2-甲基己烷、六氟乙烷、3,3,6,6,9,9-六甲基-1,2,4,5-四氧环壬烷、六甲基二硅烷、1-氯-1-硝基丙烷、2-氯-1-溴丙烷、2-氯-2-甲基丁烷、1-氯-2-溴丙烷、1-氯-3-甲基丁烷、氯苯基三氯硅烷、1-氯丙烷、2-氯丙烷、氯代叔丁烷、氯代异丁烷、氯代正己烷、1-氯丁烷、2-氯丁烷、氯五氟乙烷、氯二氟溴甲烷、氯化环戊烷、氯甲基三甲基硅烷、1-氯戊烷、氢过氧化蒎烷、壬基三氯硅烷、三苯基氯硅烷、三碘甲烷、三氟甲烷、1,1,1-三氟乙烷、2,2,4-三甲基己烷、三甲基氯硅烷、2,2,3-三甲基戊烷、三甲基乙氧基硅烷、1,1,2-三氯-1,2,2-三氟乙烷、三氯硅烷、三氯硝基甲烷、3,6,9-三乙基-3,6,9-三甲基-1,4,7-三过氧壬烷、十八烷基三氯硅烷、十二烷基三氯硅烷、十六烷基三氯硅烷、叔丁基环己烷、四氟甲烷、2,2,3′,3′-四甲基丁烷、四甲基硅烷、四溴甲烷、1,1,2,2-四溴乙烷、萜烃、五甲基庚烷、戊基三氯硅烷、戊硼烷、烯丙基三氯硅烷、1-硝基丙烷、2-硝基丙烷、1-硝基丁烷、2-硝基丁烷、硝基乙烷、辛基三氯硅烷、3-溴-1,2-环氧丙烷、2-溴-2-甲基丙烷、1-溴-3-甲基丁烷、溴代环戊烷、溴代正戊烷、1-溴丁烷、2-溴丁烷、溴己烷、2-溴戊烷、乙基苯基二氯硅烷、乙基二氯硅烷、乙基环己烷、3-乙基己烷、乙基三氯硅烷、乙基三乙氧基硅烷、3-乙基戊烷、乙硼烷、乙烯三乙氧基硅烷、乙酰过氧化磺酰环己烷、异丁基环戊烷、2,2,4-三甲基戊烷、锗烷、正丙基环戊烷、正丁基环戊烷、正庚烷、正癸烷、正辛烷 烯烃类及其衍生物： 六氯丁二烯、苯并[*j*]醋蒽烯、苯并[*l*]醋蒽烯、丁烯（所有异构体）、溴乙烯、1,1-二氯乙烯、2,2-双（4-氯苯基）-1,1-二氯乙烯、环戊烯、乙烯、丙烯、氯乙烯、三氯乙烯、1,3-丁二烯、氯丁二烯、1,2-二氯乙烯、偏氟乙烯、二环庚二烯、4-甲基-1-环己烯、4-苯基-1-丁烯、顺-2-丁烯、环辛四烯、1-己烯、环戊二烯、3-甲基-1-丁烯、四氯乙烯、环庚三烯、四氯乙烯、聚氯丁二烯、顺式-1,3-二氯丙烯、反式-1,3-二氯丙烯、反式-1,4-二氯丁烯、月桂烯、顺-1,4-二氯-2-丁烯、四氟乙烯、β-蒎烯、己烯、聚氯乙烯、1-氯-2-甲基-1-丙烯、α-氯乙烯二氯胂、β-芹菜烯、反-4-辛烯、1,2,3,4,7,7-六氯降冰片二烯、聚四氟乙烯、聚乙烯、聚丙烯、聚苯乙烯、氯丁橡胶、氯乙烯-偏氯乙烯共聚物、3-氨基丙烯、八氟-2-丁烯、八氟异丁烯、丙二烯、3-碘-1-丙烯、1-丁烯、2-丁烯、2,5-二甲基-1,5-己二烯、2,5-二甲基-2,4-己二烯、2,3-二甲基-1-丁烯、2,6-二甲基-3-庚烯、1,3-二氯-2-丁烯、1,2-二氯丙烯、2,3-二氯丙烯、3,3-二乙氧基丙烯、1-庚烯、2-庚烯、3-庚烯、1-癸烯、环庚烯、环己烯、1,3-环己二烯、1,4-环己二烯、1,3-环辛二烯、1,5-环辛二烯、环辛烯、1,3-己二烯、1,4-己二烯、1,5-己二烯、2,4-己二烯、2-己烯、2-甲基-1-丁烯、1-甲基-1-环戊烯、2-甲基-1-戊烯、3-甲基-1-戊烯、4-甲基-1-戊烯、2-甲基-2-丁烯、2-甲基-2-戊烯、3-甲基-2-戊烯、4-甲基-2-戊烯、4-甲基苯乙烯、甲基环戊二烯、甲基戊二烯、莰烯、六氟-2,3-二氯-2-丁烯、六氟丙烯、六硝基-1,2-二苯乙烯、3-氯-1-丁烯、1-氯-2-丁烯、2-氯丙烯、3-氯丙烯、	401

类别	特征污染物	个数
烃类及其衍生物	胍基亚硝氨基胍基四氮烯、1-壬烯、2-壬烯、3-壬烯、4-壬烯、三氟氯乙烯、三氟溴乙烯、2,4,4-三甲基-1-戊烯、2,4,4-三甲基-2-戊烯、三聚丙烯、三聚异丁烯、2,3,4-三氯-1-丁烯、三溴乙烯、双戊烯、四聚丙烯、四氰基代乙烯、萜品油烯、1,3-戊二烯、1,4-戊二烯、1-戊烯、2-戊烯、辛二烯、1-辛烯、2-辛烯、3-溴-1-丙烯、2-乙基-1-丁烯、乙烯基三氯硅烷、异丁烯、异庚烯、异己烯、异辛烯、D-苎烯 炔烃类及其衍生物： 乙炔、2-已炔、3-氯-1-丙炔、炔螨特、苯乙炔、丙炔和丙二烯混合物[稳定的]、1-丁炔、2-丁炔、1-庚炔、1-己炔、1-戊炔、1-辛炔、2-辛炔、3-辛炔、4-辛炔、3-溴丙炔、异丙烯基乙炔	401
腈基化合物	二溴乙腈、丙烯腈、乙腈、辛腈、偶氮二异丁腈、3,5-二溴-4-辛酰氧基苄腈、3-（*N*-亚硝基甲氨基）丙腈、2-苯胺基乙腈、2-（3-苯甲酰基苯基）-丙腈、溴代氯乙腈、苯乙烯-丙烯腈共聚物、丁腈橡胶、1,2-苯二甲腈、3-氨基苯甲腈、苯甲腈、苯乙醇腈、苯乙腈、丙二腈、丙腈、3-丁烯腈、2-丁烯腈[反式]、β-二甲氨基丙腈、*N,N*-二甲基氨基乙腈、3,5-二溴-4-羟基苄腈、庚二腈、庚腈、己二腈、己腈、2-甲基苯甲腈、3-甲基苯甲腈、4-甲基苯甲腈、2-甲基丙烯腈、4-甲基戊腈、β,β′-硫代二丙腈、3-氯丙腈、1-萘甲腈、2,2′-偶氮-二-（2,4-二甲基-4-甲氧基戊腈）、2,2′-偶氮-二-（2,4-二甲基戊腈）、2,2′-偶氮-二-（2-甲基丁腈）、1,1′-偶氮-二-（六氢苄腈）、2-羟基丙腈、羟基乙腈、戊二腈、戊腈、4-硝基苯乙腈、辛二腈、溴苯乙腈、3-溴丙腈、β,β′-亚氨基二丙腈、β,β′-氧化二丙腈、异丁腈、异戊腈、正丁腈	53
苯系物及其衍生物	六氯苯、硝基苯、甲苯、间二甲苯、对二甲苯、邻二甲苯、乙苯、苯乙烯、1,2-二氯苯、三氯苯、联苯、1,3,5-三甲基苯、苯、晕苯、4-硝基联苯、硝基甲苯、联三甲苯、4-硝基氯苯、3-硝基氯苯、五氯苯、1,3-二氯苯、1,2,3-三氯苯、邻氯硝基苯、3,4-二氯硝基苯、2,5-二氯硝基苯、3,4,4-三氯联苯、3,3,5,5 四氯-4,4-二羟基联苯、五氯硝基苯、氯苯、异丙苯、正丁基苯、正丙苯、溴苯、叔丁基苯、4-硝基甲苯、4-氯甲苯、2-硝基甲苯、2,4,6-三硝基甲苯、二氯甲基苯、三氯甲苯、1,2,4,5-四氯苯、1,2-二乙苯、仲丁基苯、1-甲基-4-（1-甲基乙烯基）苯、2,4-二氯硝基苯、1-甲基-4-正丙苯、对苯醌二肟、4-氨基联苯、2,4-二氨基甲苯、多溴联苯、6-硝基联苯、1,4-二溴苯、氯化三联苯、美法仑 D-异构体、4,4-二氨基二苯硫醚、硫酸苯乙肼、1-环丙基甲基-4-甲氧基苯、2,3,6-三硝基甲苯、2,6-二硝基甲苯、1,2,4-三氯苯、二硝基甲苯、二氯苯、苯丁酸氮芥、对氟三氟甲苯、2-溴-5-氟甲苯、苯巴比妥、间二氯苯、1,4-双（氯甲氧基甲基）苯、六氯联苯、2,4,5-三硝基甲苯、3,5-二硝基甲苯、二乙酰氨基偶氮甲苯、葵子麝香、（三氯甲基）苯、丁苯胺、4,4′-二氨基二苯甲烷、1,2-二氨基-4-硝基苯、2-氨基联苯、八溴联苯、苯-1,3-二磺酰肼、苯肼、苯胩化二氯、苯醌、苯胂化二氯、对硝基乙苯、多氯三联苯、2,6-二氨基甲苯、二苯甲基溴、1,1-二苯肼、	194

类别	特征污染物	个数
苯系物及其衍生物	1,2-二苯肼、二碘化苯胂、1,2-二氟苯、1,3-二氟苯、1,4-二氟苯、1,3-二磺酰肼苯、二硫代-4,4′-二氨基代二苯、3,4-二氯苄基氯、2,4-二氯甲苯、2,5-二氯甲苯、2,6-二氯甲苯、3,4-二氯甲苯、α,α-二氯甲苯、2,3-二氯硝基苯、2,3-二氰-5,6-二氯氢醌、2,4-二硝基苯肼、二硝基联苯、2,4-二硝基氯化苄、1,2-二溴苯、二亚硝基苯、1,3-二乙基苯、1,4-二乙基苯、1-氟-2,4-二硝基苯、氟代苯、氟代甲苯、2-氟甲苯、3-氟甲苯、4-氟甲苯、氟硼酸-3-甲基-4-（吡咯烷-1-基）重氮苯、1-甲基-3-丙基苯、甲基苄基溴、甲基异丙基苯、4-甲氧基二苯胺-4′-氯化重氮苯、3-[（3-联苯-4-基）-1,2,3,4-四氢-1-萘基]-4-羟基香豆素、邻硝基乙苯、硫酸-2,4-二氨基甲苯、硫酸-2,5-二氨基甲苯、硫酸-2,5-二乙氧基-4-（4-吗啉基）-重氮苯、硫酸-4,4′-二氨基联苯、硫酸苯肼、六硝基二苯硫、六溴联苯、4-氯-2-硝基甲苯、2-氯氟苯、3-氯氟苯、4-氯氟苯、4-氯化联苯、氯化锌-2,5-二乙氧基-4-吗啉代重氮苯、氯化锌-3-（2-羟乙氧基）-4（吡咯烷-1-基）重氮苯、氯化锌-3-氯-4-二乙氨基重氮苯、氯化锌-4-苄甲氨基-3-乙氧基重氮苯、氯化锌-4-苄乙氨基-3-乙氧基重氮苯、氯化锌-4-二丙氨基重氮苯、2-氯甲苯、3-氯甲苯、2-氯三氟甲苯、3-氯三氟甲苯、3-氯硝基苯、氯硝基苯异构体混合物、三氟甲苯、1,3,5-三氯代苯、2,4,6-三硝基二甲苯、2,4,6-三硝基氯苯、十溴联苯、1-（2-叔丁基过氧异丙基）-3-异丙烯基苯、四氟硼酸-2,5-二乙氧基-4-吗啉代重氮苯、1,2,4,5-四甲苯、3-硝基-1,2-二甲苯、4-硝基-1,2-二甲苯、2-硝基-1,3-二甲苯、4-硝基-1,3-二甲苯、5-硝基-1,3-二甲苯、3-硝基-4-氯三氟甲苯、5-硝基苯并三唑、2-硝基苯肼、4-硝基苯肼、2-硝基碘苯、3-硝基碘苯、4-硝基碘苯、3-硝基甲苯、2-硝基联苯、2-硝基氯化苄、3-硝基氯化苄、4-硝基氯化苄、2-硝基溴苯、3-硝基溴苯、4-硝基溴苯、4-硝基溴化苄、3-溴-1,2-二甲基苯、4-溴-1,2-二甲基苯、1-溴-2,4-二硝基苯、4-溴-2-氯氟苯、溴化苄、2-溴甲苯、3-溴甲苯、4-溴甲苯、3-[3-（4′-溴联苯-4-基）-1,2,3,4-四氢-1-萘基]-4-羟基香豆素、3-[3-（4-溴联苯-4-基）-3-羟基-1-苯丙基]-4-羟基香豆素、溴乙酰苯、盐酸-3,3′-二甲基-4,4′-二氨基联苯、盐酸-3,3′-二甲氧基-4,4′-二氨基联苯、盐酸-4,4′-二氨基联苯、盐酸苯肼、异丁基苯、重氮氨基苯	194
胺类化合物	苯胺、2-硝基-1,4-苯二胺、2-氯苯胺、邻甲苯胺、3-硝基苯胺、2,6-二氯-4-硝基苯胺、二苯胺、邻苯二甲酰亚胺、2,4-二氯苯胺、4-硝基苯胺、4-氯苯胺、2-硝基苯胺、1-萘胺、间苯二胺、2,3-二氯苯胺、*N*-亚硝基二苯胺、邻甲氧基苯胺、3,4-二氯苯胺、*N*-甲基-*N*-亚硝基苯胺、间氯苯胺、3,5-二氯苯胺、*N*,*N*-二甲基苯胺、己内酰胺、硫代乙酰胺、2-萘胺、3,3′-二氯联苯胺、3,3′-二甲基联苯胺、3,3′-二甲氧基联苯胺、2-甲氧基-5-甲基苯胺、三聚氰胺、二乙醇胺、*N*,*N*′-烷基-双-3-二异辛氧基磷基硫基硫代酰胺、2,4,6-三甲基苯胺、氯苯胺灵、2-甲基-4-甲氧基苯胺、三乙醇胺、他莫昔芬、*N*-亚硝基甲基乙基胺、氯胺、*N*-乙基-1,2-乙二胺、*N*-亚硝基二乙醇胺、苯胺灵、二甲基乙酰胺、对亚硝基二苯胺、2,2′,5,5′-四氯二苯胺、氟乐灵、2,6-二氯-对-苯二胺、2,4,5-三甲基苯胺、酸性橙10、	281

类别	特征污染物	个数
胺类化合物	偶氮黑E、4′-（溴甲基）连二苯基-2-甲酰胺、1,5-萘二胺、丁草胺、（+）-细皱青霉素、甲苯胺红、直接蓝15、分散蓝1、聚-P-亚苯基对苯二甲酰胺、二氨基蓝 BB、*N*-[4-（甲基氨基）-3-硝基苯基]二乙醇胺、4-氨基-2-硝基-*N*-（2-羟乙基）苯胺、3-硝基-4-羟乙氨基-*N,N*-二羟乙基苯胺、二氯胺、2,2′,5,5′-四氯联苯胺、2-（2-呋喃基）-3-（5-硝基-2-呋喃基）丙烯酰胺、二甲戊灵、联苯胺、*N*-亚硝基甲基乙烯胺、1,2-二氢苊-5-胺、*N*-甲基异丙胺、2,4′-二苯基二胺、盐基槐黄、4-氯-间-苯二胺、碱性橙2、乙硫异烟胺、selenium tetrakis（diethyldithiocarbamate）、Chlorozotocin、*N*-亚硝基二乙胺、甲氧基胺盐酸盐、*N*-[2-（2-羟基乙氧基）-4-硝基苯基]乙醇胺、二甲基黄、乙酰胺、2,6-二氯对苯二胺、*N,N*′-醋酸联苯胺、*N*-亚硝基二正丙胺、1,4-二甲基-5H-吡啶[4,3-B]吲哚-3-胺、碱性紫14、脂肪红7B、苏丹红7B、*N,N*′-双（2,3-二羟基丙基）-5-[*N*-（2,3-二羟基丙基）乙酰胺基]-2,4,6-三碘代异酞酰胺、咪鲜胺、*N,N*-二（羟基乙基）椰油酰胺、三亚胺醌、*N,N*′-二甲苯基-对苯二胺、硫酰胺、氯苯砜、糖精（邻磺酰苯甲酰亚胺）、溶剂黄5、托瑞米芬、二丁基亚硝胺、5-氯-2-苯氧基苯胺、丁化羟基甲苯（BHT）、4-氯邻苯二胺、*N,N*-二甲基对甲苯胺、5-氨基-1,3,3-三甲基环己甲胺、4-氨基-*N,N*-二甲基苯胺、4-氨基二苯胺、氨基甲酸胺、八甲基焦磷酰胺、*N*-苯基乙酰胺、*N*-苄基-*N*-乙基苯胺、1,2-丙二胺、1,3-丙二胺、草酸-4-氨基-*N,N*-二甲基苯胺、1,4-丁二胺、对硫氰酸苯胺、3,3′-二氨基二丙胺、*N,N*-二丁基苯胺、二环己胺、*N,N*-二甲基-1,3-丙二胺、3-[2-（3,5-二甲基-2-氧代环己基）-2-羟基乙基]戊二酰胺、*N*′,*N*′-二甲基-N′-苯基-N′-（氟二氯甲硫基）磺酰胺、盐酸杀螨脒、2,3-二甲基苯胺、3,4-二甲基苯胺、3,5-二甲基苯胺、*N,N*-二甲基苄胺、*N,N*-二甲基丙胺、*N,N*-二甲基丙醇胺、1,3-二甲基丁胺、*N,N*-二甲基环己胺、*N,N*-二甲基乙醇胺、*N,N*-二甲基异丙醇胺、2,5-二氯苯胺、2,6-二氯苯胺、二烯丙基胺、二烯丙基代氰胺、2,4-二硝基二苯胺、2,4-二溴苯胺、2,5-二溴苯胺、*N,N*′-二亚硝基-*N,N*′-二甲基对苯二酰胺、二亚乙基三胺、*N*-二乙氨基乙基氯、二乙胺、*N,N*-二乙基-1,3-丙二胺、*N,N*-二乙基-1-萘胺、*O,O*-二乙基-*N*-（1,3-二硫戊环-2-亚基）磷酰胺、*O,O*-二乙基-*N*-（4-甲基-1,3-二硫戊环-2-亚基）磷酰胺、二乙基氨基氰、*N,N*-二乙基苯胺、*N*-（2,6-二乙基苯基）-*N*-甲氧基甲基-氯乙酰胺、*N,N*-二乙基对甲苯胺、*N,N*-二乙基邻甲苯胺、*N,N*-二乙基乙撑二胺、*N,N*-二乙基乙醇胺、二异丙胺、二异丙醇胺、*N,N*-二异丙基乙胺、*N,N*-二异丙基乙醇胺、二异丁胺、二正丙胺、二正丁胺、二正戊胺、二仲丁胺、2-氟苯胺、3-氟苯胺、4-氟苯胺、苄胺、环己二胺、环三亚甲基三硝胺、环四亚甲基四硝胺、环戊胺、1,6-己二胺、3-甲基苯胺、*N*-甲基苯胺、甲基苄基亚硝胺、*N*-甲基全氟辛基磺酰胺、*N*-甲基正丁胺、3-甲氧基苯胺、聚乙烯聚胺、糠胺、邻苯二甲酸苯胺、硫代甲酰胺、硫酸-4-氨基-*N,N*-二甲基苯胺、硫酸苯胺、硫酸对苯二胺、硫酸间苯二胺、硫酸羟胺、六甲基二硅烷胺、六硝基二苯胺、六亚甲基四胺、六亚甲基亚胺、5-氯-2-甲氧基苯胺、4-氯-2-硝基苯胺、	281

类别	特征污染物	个数
胺类化合物	3-氯-4-甲氧基苯胺、2-氯-4-硝基苯胺、2-氯乙酰-*N*-乙酰苯胺、偶氮二甲酰胺、*N*-（2-羟乙基）-*N*-甲基全氟辛基磺酰胺、三氟化硼乙胺、2-三氟甲基苯胺、3-三氟甲基苯胺、三甲胺[无水]、三甲基环己胺、3,3,5-三甲基己撑二胺、三甲基六亚甲基二胺、2,4,5-三氯苯胺、三烯丙基胺、2,4,6-三硝基苯胺、2,4,6-三硝基苯甲硝胺、2,4,6-三溴苯胺、三亚乙基四胺、三正丙胺、三正丁胺、叔丁胺、叔辛胺、*N,N,N′,N′*-四甲基乙二胺、5,6,7,8-四氢-1-萘胺、四氢糠胺、2,3,4,6-四硝基苯胺、四硝基萘胺、四亚乙基五胺、1,5-戊二胺、4-硝基-2-甲苯胺、4-硝基-2-甲氧基苯胺、2-硝基-4-甲苯胺、3-硝基-4-甲苯胺、2-硝基-4-甲氧基苯胺、3-硝基-*N,N*-二甲基苯胺、4-硝基-*N,N*-二甲基苯胺、4-硝基-*N,N*-二乙基苯胺、4-硝基苯甲酰胺、硝酸苯胺、硝酸甲胺、硝酸羟胺、2-溴苯胺、3-溴苯胺、4-溴苯胺、亚胺乙汞、4-亚硝基-*N,N*-二甲基苯胺、4-亚硝基-*N,N*-二乙基苯胺、盐酸-1-萘胺、盐酸-1-萘乙二胺、盐酸-2-萘胺、盐酸-3,3′-二氨基联苯胺、盐酸-3-氯苯胺、盐酸-4-氨基-*N,N*-二乙基苯胺、盐酸-4-甲苯胺、盐酸苯胺、盐酸间苯二胺、盐酸对苯二胺、一氟乙酸对溴苯胺、一甲胺、乙胺、1,2-乙二胺、*N*-乙基-1-萘胺、*N*-乙基-*N*-（2-羟乙基）全氟辛基磺酰胺、*O*-乙基-*O*-[（2-异丙氧基酰基）苯基]-*N*-异丙基硫代磷酰胺、2-乙基苯胺、*N*-乙基苯胺、*N*-乙基对甲苯胺、2-乙基己胺、*N*-乙基间甲苯胺、*N*-乙基全氟辛基磺酰胺、乙酸苯胺、*N*-乙烯基乙撑亚胺、*N*-乙酰对苯二胺、2-乙氧基苯胺、3-乙氧基苯胺、4-乙氧基苯胺、*N*-异丙基-*N*-苯基-氯乙酰胺、异丁胺、异戊胺、正丁胺、*N*-正丁基苯胺、正庚胺、正己胺、正戊胺、仲丁胺、仲戊胺、乙草胺	281
醇类化合物	1,3-二氯-2-丙醇、甲醇、2-甲氧基乙醇、三氯杀螨醇、仲丁醇、烯丙硫醇、3-丁炔-2-醇、2-甲基-1-丁硫醇、苏合香醇、苄硫醇、2-甲基烯丙醇、3-己醇、叔丁醇、1,4-丁炔二醇、2-1-吖丙啶乙醇、戊唑醇、2-（2-甲氧基乙氧基）乙醇、吐纳麝香、异丙醇、2,2-双（溴甲基）-1,3-丙二醇、1-叔丁氧基-2-丙醇、对苯二甲醇、四硝酸季戊四醇、原蕨苷、聚乙烯醇、2,3-二溴-1-丙醇、5-（氨基甲基）-3-异噁唑醇、1-氨基乙醇、2-氨基乙醇、2-（2-氨基乙氧基）乙醇、2-丙炔-1-醇、丙酮氰醇、2-丙烯-1-醇、2-丁基硫醇、2-丁烯-1-醇、对氯苯硫醇、1,3-二氟-2-丙醇、3,4-二羟基-α-[（甲氨基）甲基）苄醇、*N,N*-二正丁基氨基乙醇、环丙基甲醇、环己基硫醇、环戊醇、4,9-环氧,3-（2-羟基-2-甲基丁酸酯）15-（S）2-甲基丁酸酯],[3β（S）,4α,7α,15α？,16β]-瑟文-3,4,7,14,15,16,20-庚醇、己硫醇、4-己烯-1-炔-3-醇、2-甲基-1-丙硫醇、2-甲基-1-丁醇、3-甲基-1-丁醇、3-甲基-1-丁硫醇、2-甲基-1-戊醇、3-甲基-1-戊炔-3-醇、3-甲基-2-丁醇、2-甲基-2-丁硫醇、2-甲基-2-戊醇、3-甲基-2-戊烯-4-炔醇、2-甲基-3-丁炔-2-醇、2-甲基-3-戊醇、3-甲基-3-戊醇、甲基环己醇、1-甲基戊醇、甲硫醇、2-莰醇、邻氨基苯硫醇、2-硫代呋喃甲醇、2-氯-1-丙醇、3-氯-1-丙醇、1-氯-2-丙醇、2-氯乙醇、2-巯基乙醇、全氯甲硫醇、2,2,2-三氟乙醇、十二烷基硫醇、叔丁基硫醇、1,1,3,3-四甲基-1-丁硫醇、1-戊醇、2-戊醇、1-戊硫醇、2-溴乙醇、2-乙基-1-丁醇、异丙硫醇、杂戊醇、正丙硫醇、正丁硫醇、正辛硫醇	84

类别	特征污染物	个数
酚类化合物	4-甲酚、2-甲酚、2,4-二氯苯酚、2,4-二甲基苯酚、2,4-二硝基苯酚、酚酞、五氯苯酚、甲基苯酚、邻苯基苯酚、间苯二酚、苯酚、4-硝基苯酚、3-甲酚、2-硝基苯酚、2,6-二氯苯酚、2,4,5-三氯酚、2,4,6-三氯酚、2-氯苯酚、2,4-二甲苯酚、挥发酚、3,4-二甲基苯酚、双酚A、2,4,6-三叔丁基苯酚、山奈酚、4-甲苯硫酚、2,5-二氯苯酚、2,3,5,6-四氯酚、2,3,3,4,4-五氯二苯酚、苯硫酚、对氯苯酚、间氯苯酚、双酚S、2-氨基-5-硝基苯酚、2,3,4,6-四氯酚、双酚E、醋氨酚、地蒽酚、对乙酰氨基酚、2,6-二叔丁基-4-甲基苯酚、双酚F、五氯苯硫酚、双酚M、双酚AF、双酚AP、4-苯偶氮基苯酚、氯化苯酚、双酚P、Luteoskyrin、2,4,6-三氯苯酚、壬基酚、四氯酚、苏丹橙Ⅱ、四氯苯酚、4-甲基酚、2,3,4,5-四氯苯酚、二乙基己烯雌酚、橘红2号、双酚B、苯偶氮-2-萘酚、双酚Z、苏丹红、甲基丁香酚、2,3,5-三氯苯酚、邻甲酚、丁香酚、2-氨基苯酚、3-氨基苯酚、4-氨基苯酚、4-碘苯酚、对壬基酚、对异丙基苯酚、2,3-二氯苯酚、3,4-二氯苯酚、4,6-二硝基-2-氨基苯酚、2,5-二硝基苯酚、2,6-二硝基苯酚、二硝基间苯二酚、2,4-二硝基萘酚、二硝基重氮苯酚、2,4-二亚硝基间苯二酚、甲苯-3,4-二硫酚、2-甲苯硫酚、3-甲苯硫酚、间苯三酚、间异丙基苯酚、邻异丙基苯酚、4-氯-2-硝基苯酚、4-氯间甲酚、2-氯汞苯酚、2-氯间甲酚、6-氯间甲酚、煤焦酚、木馏油、2,4,6-三硝基间苯二酚、三硝基间甲酚、2-叔丁基苯酚、4-叔丁基苯酚、2-特丁基-4,6-二硝基酚、2-硝基-4-甲苯酚、3-硝基苯酚、辛基苯酚、2-溴苯酚、3-溴苯酚、4-溴苯酚、4-亚硝基苯酚、盐酸-2-氨基酚、盐酸-4-氨基酚、腰果壳油、支链-4-壬基酚	109
醛类化合物	2,3-环氧丙醛、异丁醛、乙醛、丙烯醛、戊二醛、三氯乙醛、苯甲醛、丙醛、氯乙醛、2,4-己二烯醛、鹿花菌素、3-（*N*-亚硝基甲基氨基）丙醛、水合氯醛、3-三氟甲基苯甲醛、丙二醛、丙酮醛、5-叠氮奥塞米韦、2-丁烯醛、多聚甲醛、二甲基氯乙缩醛、2,3-二甲基戊醛、二聚丙烯醛、α-甲基丙烯醛、3-甲基丁醛、2-甲基戊醛、聚乙醛、糠醛、4-硫代戊醛、3-羟基丁醛、三聚甲醛、三聚乙醛、三溴乙醛、1,2,3,6-四氢化苯甲醛、1-戊醛、2-乙基丁醛、乙基己醛、正庚醛、正己醛	38
醚类化合物	二氯甲基醚、苯甲醚、甲基叔丁基醚、对硝基苯甲醚、乙二醇二醚、乙烯基乙醚、乙基2-羟乙基硫醚、双（2-氯异丙基）醚、双酚A二缩水甘油醚（环氧类树脂）、增效醚、双-（氯甲基）醚、4,4′-二氨基二苯醚、间苯二酚二缩水甘油醚、异黄樟醚、乙二醇醚、2,2,3-三羟基二苯基醚、二（2-氯-1-甲基乙基）醚、壬基酚聚氧乙烯醚、除草醚、三甘醇二环氧甘油醚、正丁基缩水甘油醚、丁基羟基茴香醚、3,3′-Dichloro-4,4′-diaminodiphenyl ether、乙氧氟草醚、二（2,3-环氧环戊基）醚、二氯二乙硫醚、禾草灵、2,4-二氨基苯甲醚、非那西丁、氟磺胺草醚、双（氯甲基）醚、2-氨基-4-硝基苯甲醚、丙二醇乙醚、二（2-环氧丙基）醚、二丙硫醚、1,2-二氯二乙醚、2,2-二氯二乙醚、二烯丙基硫醚、二烯丙基醚、2,4-二硝基苯甲醚、二乙硫醚、二乙烯基醚、二异戊醚、甲基丙基醚、	76

类别	特征污染物	个数
醚类化合物	甲基乙烯醚、甲基正丁基醚、甲硫醚、甲乙醚、六溴二苯醚、氯甲基甲醚、氯甲基乙醚、七溴二苯醚、2,2′,3,3′,4,5′,6′-七溴二苯醚、2,2′,3,4,4′,5′,6-七溴二苯醚、三氟化硼甲醚络合物、三氟化硼乙醚络合物、三硝基苯甲醚、三硝基苯乙醚、四溴二苯醚、烯丙基缩水甘油醚、3-硝基苯甲醚、2-硝基苯乙醚、4-硝基苯乙醚、4-溴苯甲醚、2-溴乙基乙醚、乙二醇二乙醚、乙二醇异丙醚、乙基丙基醚、乙基烯丙基醚、乙基正丁基醚、乙烯（2-氯乙基）醚、异丙醚、异丁基乙烯基醚、正丙醚、正丁基乙烯基醚、正丁醚	76
酮类化合物	苯乙酮、2-吡咯烷酮、丙酮、2-丁酮、4-甲基-2-戊酮、二丙基甲酮、二苯甲酮、甲乙酮肟、1-戊烯-3-酮、4-甲氧基-4-甲基-2-戊酮、异亚丙基丙酮、环己酮、2-环己烯-1-酮、甲基异丁基甲酮、2-咪唑烷基硫酮、匹格列酮、二环丙基甲酮、槲皮素、罗格列酮、扑米酮、4-*N*-亚硝基甲基氨-1-（3-吡啶基）丁酮、3-硝基苯并蒽酮、噁草酮、嗪草酮、酮洛芬、2-氨基-6-甲基-4-丙基-[1,2,4]三唑并[1,5-a]嘧啶-5-酮、替尼泊苷、2-环己基-1,6-庚二烯-3-酮、2,5-Octadien-4-one,5,6,7-（2E）-trimethyl、7-（3-甲基丁基）-1,5-苯并二氧杂环代-3-酮、左呋喃他酮、三唑酮、泼尼松、雌酚酮、异狄氏酮、3-（十二烷基硫代）-1-（2,6,6-三甲基-3-环己烯-1-基）-1-丁酮、2,3,3-三甲基-1-茚酮、呋喃咪唑啉酮、呋喃唑酮、17α-羟基黄体酮、噻嗪酮、醋酸甲羟孕酮、3-氯-4-（二氯甲基）-5-羟基-2（5H）-呋喃酮、*N*-乙烯基吡咯烷酮、胡薄荷酮、3-丁烯-2-酮、2-（二苯基乙酰基）-2,3-二氢-1,3-茚二酮、2,4-二甲基-3-戊酮、8-（二甲基氨基甲基）-7-甲氧基氨基-3-甲基黄酮、二甲基乙二酮、1,1-二氯丙酮、1,3-二氯丙酮、1,2-二溴-3-丁酮、二异丁基酮、环庚酮、环戊酮、5-己烯-2-酮、3-己酮、3-甲基-2-丁酮、5-甲基-2-己酮、2-甲基-3-戊酮、甲基环己酮、甲基叔丁基甲酮、甲基异丙烯甲酮、镰刀菌酮 X、六氟丙酮、六氟丙酮水合物、2-[（RS）-2-（4-氯苯基）-2-苯基乙酰基]-2,3-二氢-1,3-茚二酮、2-氯苯乙酮、1-羟环丁-1-烯-3,4-二酮、3-羟基-2-丁酮、4-羟基-4-甲基-2-戊酮、三氟丙酮、三氯三氟丙酮、三硝基芴酮、1,1,3,3-四氯丙酮、2-特戊酰-2,3-二氢-1,3-茚二酮、2,4-戊二酮、2-戊酮、3-戊酮、硝基三唑酮、3-辛酮、溴丙酮、一氯丙酮、乙酰基乙烯酮	85
酰基类化合物	苯甲酰氯、特戊酰氯、异丁酰氯、全氟辛基磺酰氟、4-[4-（氯磺酰基）苯氧基]苯-1-磺酰氯、马来酰肼、*N*-[3,5-双-（2,2-二甲基丙酰胺基）-苯基]-2,2-二甲基丙酰胺、*N*-羟甲基丙烯酰、促进剂 TETD、苯磺酰肼、苯磺酰氯、丙二酰氯、丙酰氯、碘化乙酰、丁二酰氯、丁烯二酰氯[反式]、对苯二甲酰氯、对甲苯磺酰氯、对硝基苯甲酰肼、二（苯磺酰肼）醚、*O,O′*-二甲基硫代磷酰氯、2,6-二甲氧基苯甲酰氯、2,4-二氯苯甲酰氯、二氯乙酰氯、2,4-二硝基苯磺酰氯、3,5-二硝基苯甲酰氯、*O,O′*-二乙基硫代磷酰氯、呋喃甲酰氯、氟乙酸-2-苯酰肼、癸二酰氯、过氯酰氟、己二酰二氯、己酰氯、*O*-（甲基氨基甲酰基）-1-二甲氨基甲酰-1-甲硫基甲醛肟、*O*-甲基氨基甲酰基-3,3-二甲基-1-（甲硫基）丁醛肟、甲基磺酰氯、甲烷磺酰氟、甲氧基苯甲酰氯、间苯二甲酰氯、邻苯二甲酰氯、	77

类别	特征污染物	个数
酰基类化合物	邻甲苯磺酰氯、硫酰氟、2-氯苯甲酰氯、4-氯苯甲酰氯、氯化二硫酰、氯乙酰氯、氰尿酰氯、三氟乙酰氯、三氯乙酰氯、十八烷酰氯、十二烷酰氯、十四烷酰氯、戊酰氯、2-硝基苯磺酰氯、3-硝基苯磺酰氯、4-硝基苯磺酰氯、2-硝基苯甲酰氯、3-硝基苯甲酰氯、4-硝基苯甲酰氯、辛酰氯、4-溴苯磺酰氯、2-溴苯甲酰氯、4-溴苯甲酰氯、4-溴苯乙酰基溴、2-溴丙酰溴、3-溴丙酰溴、溴化丙酰、溴化乙酰、溴乙酰溴、亚硝酰氯、乙二酰氯、3-（α-乙酰甲基苄基）-4-羟基香豆素、乙酰氯、异戊酰氯、正丁酰氯、2-重氮-1-萘酚-4-磺酰氯、2-重氮-1-萘酚-5-磺酰氯	77
脲类化合物	硫脲、敌草隆、苯胺脲、*N,N'*-二乙基硫脲、羟基脲、洛莫司丁、司莫司汀、1,1-二甲基-3-（对氯苯基）脲、乙氧苯基脲、卡莫司汀、绿麦隆、伏草隆、利谷隆、异丙隆、盐酸氨基脲、*N,N*-二甲基-*N,N*-二苯基脲、甲基亚硝基脲、*N*-甲基-*N*-亚硝基脲、*N*-乙基-*N*-亚硝基脲、丁醚脲、苄嘧磺隆、1-（3-吡啶甲基）-3-（4-硝基苯基）脲、*N,N*-二甲基硒脲、3,4-二氯苯基偶氮硫脲、二硝基甘脲、硒脲、硝基胍、硝基脲、硝酸脲、乙酰替硫脲	30
多氯联苯	四氯联苯、2,3,3′,4,4′,5,5′-七氯联苯、2,3,3′,4,4′,5-多氯联苯、2,3,3′,4,4′,5′-六氯联苯、2,3′,4,4′,5,5′-六氯联苯、2,3,4,4′,5-五氯联苯、2′,3,4,4′,5-五氯联苯、3,3′,4,4′,5,5′-六氯联苯、3,3′,4,4′,5-五氯联苯、3,3,4,4-四氯联苯、3,4,4′,5-四氯联苯、五氯联苯、多氯联苯 1254、多氯联苯 1268、多氯联苯 1221、多氯联苯 1232、亚老哥尔 1016、多氯代联苯、多氯联苯 169、甲草胺 1240	20
多溴联苯	2,2′,3,3′,5,5′-六溴联苯、BDE17、BDE28、BDE100、BDE154、BDE153、BDE183、2,2′,4,4′,5,5′-六溴二苯醚、2,2′,4,4′,5-五溴联苯醚、2,2,4,4-四溴联苯醚、十溴二苯醚	11
多环芳烃及其衍生物	苊、蒽、荧蒽、苯并[*g,h,i*]苝、萘、氯萘、苯并芴、苯并[*c*]菲、苯并[*j*]荧蒽、二苯并[*a,h*]芘、二苯并[*a,i*]芘、3,7-二硝基荧蒽、3,9-二硝基荧蒽、1,3-二硝基芘、1,6-二硝基芘、1,8-二硝基芘、5-甲基屈、11H-苯并[*bc*]醋蒽烯、苯并[*a*]荧蒽、苯并[*a*]芴、苯并[*b*]䓛、苯并[*b*]芴、苯并[*b*]萘并[2,1-*d*]噻吩、苯并[*c*]芴、萘并[*e*]芘、苯并[*g,h,i*]荧蒽、1-甲基䓛、2-甲基䓛、3-甲基䓛、4-甲基䓛、6-甲基䓛、2-甲基荧蒽、3-甲基荧蒽、1-甲基菲、萘并[1,2-*b*]荧蒽、萘并[2,1-*a*]荧蒽、萘并[2,3-*e*]芘、6-硝基苯并[*a*]芘、3-硝基荧蒽、3-硝基苝、2-硝基芘、苯并[9,10]菲、苯并[*a*]荧蒽、苯并呋喃、茚、多环芳烃 1278、2-甲基萘、1-甲基萘、苯并[*g*]䓛、7-硝基苯[*a*]蒽、1-甲基蒽、4-硝基二萘、芭、茚并（1,2,3-*cd*）芘、2,3-二甲基蒽、3-甲基胆蒽、丹蒽醌、2-氨基蒽醌、2-甲基-1-硝基蒽醌、1-羟基蒽醌、4,5-Methanochrysene、1,4-二甲基菲、溶剂橙 2、5,6-环戊烯并-1,2-苯并蒽、二氰蒽醌、1,2,3,4,6,7-六氯代蒽、1,2,3,4,6-五氯代蒽、萘酚平、1,2,3,4-四氯代蒽、萘氮芥、甲基萘、普洛萘尔、1-硝基芘、2,3-二甲基萘、9-硝基蒽、2-硝基芴、丁草特、Dihydroaceanthrylene、苯并（*j*）荧蒽、5,6-环戊烯并-1,2-苯并蒽、1-氨基-2-甲基蒽醌、1-氨基-2,4-二溴蒽醌、分散橙 11、屈洛昔芬、苏丹红Ⅳ、10-氮杂蒽、2,3-二氯-1,4-萘醌、1,5-二羟基-4,8-二硝基蒽醌、1,5-二硝基萘、1,8-二硝基萘、2,4-二硝基萘酚钠、2,7-二硝基芴、萘磺汞、三硝基萘、十氢化萘、1,2,3,4-四氯化萘、3-（1,2,3,4-四氢-1-萘基）-4-羟基香豆素、四硝基萘	99

类别	特征污染物	个数
有机氯化合物	滴滴涕、敌敌畏、七氯、α-六六六、β-六六六、γ-六六六、灭蚁灵、氯化苄、4,4′-二氯二苯砜、反-氯丹（γ）、反式九氯、米托坦、*o,p*′-滴滴滴、4,4-滴滴滴、*o,p*′-滴滴涕、六六六、氯丹、克菌丹、百菌清、燕麦敌、氧氯丹、灭草丹、β硫丹、六氯、顺式氯丹、顺式-九氯、甲基毒死蜱、ALPHA-六氯、氯霉素、艾氏剂、甲氧滴滴涕、氯化松节油、α硫丹、氯甲硫磷、异艾氏剂、4-氯苄基氯、γ氯丹、硫丹、异狄氏剂	39
有机磷化合物	毒死蜱、草甘膦、杀螟硫磷、杀虫畏、三唑磷、乙酰甲胺磷、异环磷酰胺、丙溴磷、环磷酰胺、三亚乙基硫代磷酰胺、六甲基磷酰胺、三苯基氧化膦、甲基叠氮磷、苯基氧氯化膦、苯硫代二氯化膦、丙胺氟磷、二氯化膦苯、*O,O*-二乙基-*N*-1,3-二噻丁环-2-亚基磷酰胺、内吸磷、*O,O*-二乙基-*O*-（4-溴-2,5-二氯苯基）硫代磷酸酯、*O*-甲基-*O*-（2-异丙氧基甲酰基苯基）硫代磷酰胺、*O*-甲基-*O*-[（2-异丙氧基甲酰）苯基]-*N*-异丙基硫代磷酰胺、硫代磷酰氯、1-萘氧基二氯化膦、*O,O*-双（4-氯苯基）*N*-（1-亚氨基）乙基硫代磷酸胺、双（二甲胺基）磷酰氟、氧溴化磷、乙拌磷、乙硫磷、灭克磷、草铵膦、马拉硫磷、甲胺磷、杀扑磷、氧化乐果、甲基对硫磷、甲拌磷、敌百虫	38
二噁英	1,2,3,6,7,8-六氯代二苯并对二噁英、1,2,3,7,8,9-六氯代二苯并对二噁英、二噁英（TCDD2378）、2,3,7,8-四氯二苯并对二噁英、1,2,3,4,7,8-六氯二苯并对二噁英、二甲基二噁烷	6
有机酸	二溴乙酸、己酸、丙烯酸、三氯乙酸、二氯乙酸、氯乙酸、庚酸、异丁酸、醋酸、丁酸、环戊基乙酸、聚丙烯酸、全氟辛烷磺酸、三氟乙酸、全氟丁酸、芳香族氨基烷基酸、二硫代（芳香族亚氨基）二（烷基）酸、环烷基氨基链烷磺酸、偶氮丝氨酸、氯菌酸、邻氨基苯甲酸、己二酸、甲基胂酸、1,4,5,8-萘四甲酸、莽草酸、单宁酸、对氨基苯甲酸、双氯芬酸、布洛芬、（αS）-α-羟基-苯乙酸、氨氯吡啶酸、11-氨基十一酸、6-*O*-甲基鸟苷、吉非罗齐、蘑菇氨酸、*N*-Nitrosofolic acid、4-（2,4-二氯苯氧基）丁酸、马兜铃酸 A、碘苯二乙酸、对三氟甲基水杨酸、咖啡酸、甲基红、二甲基顺式丁烯二酸、曲酸、枸橼酸氯米芬、桔霉素、沙可来新、3-氯苯甲酸、2-硝基-3-甲基苯甲酸、溴氯代乙酸、白消安、γ-氯酸、对氨基马尿酸、α-氯酸、*N*-亚硝基-L-脯氨酸、5-氯-2-环丙基-6-羟基-4-嘧啶羧酸、青霉酸、4-氯-2-甲基苯氧基乙酸、2,4-二氯苯氧乙酸、4-（4-氯-2-甲基苯氧基）丁酸、4-[3-氨基-5-（1-甲基胍基）戊酰氨基]-1-[4-氨基-2-氧代-1（2H）-嘧啶基]-1,2,3,4-四脱氧-β,D 赤己-2-烯吡喃糖醛酸、2-氨基苯胂酸、3-氨基苯胂酸、4-氨基苯胂酸、氨基磺酸、苯酚磺酸、苯胂酸、丙基胂酸、丙炔酸、丁基磷酸、2-丁烯酸、对氨基苯磺酸、对硝基苯磺酸、多聚磷酸、2-（2,4-二氯苯氧基）丙酸、二氯醛基丙烯酸、二氯异氰尿酸、二戊基磷酸、二异辛基磷酸、氟乙酸、甲基丙烯酸、甲基磺酸、间硝基苯磺酸、焦砷酸、邻硝基苯磺酸、膦酸、硫代乙酸、六氟合磷氢酸、3-氯苯过氧甲酸、2-氯丙酸、3-氯丙酸、4-氯汞苯甲酸、3-羟基-1,1-二甲基丁基过氧新癸酸、4-氰基苯甲酸、氰基乙酸、	123

类别	特征污染物	个数
有机酸	2-巯基丙酸、巯基乙酸、三碘乙酸、三丁基锡苯甲酸、三丁基锡环烷酸、三丁基锡亚油酸、三丁锡甲基丙烯酸、2-（2,4,5-三氯苯氧基）丙酸、2,4,5-三氯苯氧乙酸、三氯异氰脲酸、三硝基苯磺酸、2,4,6-三硝基苯甲酸、三溴乙酸、1,1,2,2,3,3,4,4,5,5,6,6,7,7,8,8,8-十七氟-1-辛烷磺酸、双过氧化壬二酸、双过氧化十二烷二酸、四唑并-1-乙酸、3-硝基-4-羟基苯胂酸、2-硝基苯胂酸、3-硝基苯胂酸、4-硝基苯胂酸、硝基盐酸、2-溴丙酸、3-溴丙酸、溴酸、溴乙酸、乙基硫酸、正戊酸	123
酸酐类化合物	邻苯二甲酸酐、丙酸酐、异丁酸酐、马来酸酐、丁二酸酐、1,8-萘二甲酸酐、4-溴-1,8-萘二甲酸酐、苯四甲酸酐、丁酸酐、氯乙酸酐、三氟化硼乙酸酐、三氟乙酸酐、四氯邻苯二甲酸酐、四氢邻苯二甲酸酐、乙酸酐	15
酯类化合物	邻苯二甲酸二（2-乙基己）酯、邻苯二甲酸二异丁酯、丙烯酸乙酯、磷酸三乙酯、甲苯-2,4-二异氰酸酯、三氯乙基磷酸酯、苯甲酸苄酯、磷酸三（2-氯丙基）酯、磷酸三（3-氯丙基）酯、2,4-滴丁酯、磷酸三丁酯、乙酸仲丁酯、胺菊酯、邻苯二甲酸二（2-甲氧基乙基）酯、甲氰菊酯、异佛尔酮二异氰酸酯、二苯基甲烷二异氰酸酯、六亚甲基二异氰酸酯、乙酸乙烯酯、甲基丙烯酸甲酯、异氰酸甲酯、甲苯二异氰酸酯、硫酸二甲酯、2-甲氧基乙酸乙酯、3,4-二氯苯异氰酸酯、亚硝酸丁酯、磷酸三异丁酯、己二酸二（2-乙基己）酯、磷酸三苯酯、乙酸丙酯、异丁酸异丁酯、碳酸二乙酯、巴豆酸乙酯、乙酸异丙烯酯、碳酸丙酯、异氰酸苯酯、异戊酸异丙酯、戊酸甲酯、磷酸三甲酯、磷酸三辛酯、甲酸乙酯、异戊酸甲酯、邻苯二甲酸甲酯丁酯、1,3-丙烷磺内酯、丙烯酸甲酯、硫酸二乙酯、丙烯酸 2-乙基己酯、氨基甲酸甲酯、硼酸三烷基酯、二取代三嗪基羟基苯氧基丙酸烷基酯、硫酸二异丙酯、1,4,5,6,7,7-六氯-5-降冰片烯-2,3-二甲醇环状硫酸酯、丙烯酸-2-乙基己酯、多菌灵、甲基丙烯酸缩水甘油酯、丙二醇甲醚乙酸酯、速灭威、三磷酸三丁酯、甲基乙酯 1248、邻苯二甲酸二（2-乙基己基）酯、稻丰散、磷酸三（1,3-二氯-丙基）酯、磷酸三（2-氯乙基）酯、乙酸苄酯、2-甲基戊二酸二甲酯、阿螨特、3,4-环氧-6-甲基环己基甲基-3,4-环氧-6-甲基环己甲酸酯、二 C12-15 醇富马酸酯、三丙烯酸丙烷三甲醇酯、对甲酰基苯甲酸甲酯、柠檬酸三辛酯、2,2,4-三甲基六亚甲基二异氰酸酯、7-氧代-7H-呋喃并[3,2-*g*][1]苯并吡喃-6-羧酸乙酯、雌二醇双[4-[二（2-氯乙基）氨基]苯乙酸]酯、克螨特、3,4-环氧-6-甲基环乙基甲基-3,4-环氧-6-甲基环己烷甲酸酯、聚乙烯乙酸酯、异丙威、磷酸二苯甲苯酯、異戊酸烯丙酯、S-生物烯丙菊酯、β-丁内酯、1,5-亚萘基二异氰酸酯、邻苯二甲酸二甲氧基乙酯、仲丁威、佛手苷内酯、利血平、磷酸三丙酯、氰戊菊酯、氨基甲酸乙酯、螺内酯、溴氰菊酯、甲基乙酯 1242、油酸缩水甘油酯、三（2,3-二溴丙基）磷酸酯、1,1′-偶氮二-环己烷基甲酸-二甲酯、亚硝基四氢盐酸甲酯、β-丙内酯、甲霜灵、丙烯菊酯、醋酸甲基偶氮甲酯、次氯酸乙酯、甲磺酸乙酯、C.I.分散蓝 148、多尼培南开环物、氯贝特、砷甜菜碱标准溶液 2-（三甲基砷）醋酸酯溶液、高效氟氯氰菊酯、甲磺酸甲酯、	388

类别	特征污染物	个数
酯类化合物	氟氯氰菊酯、硬脂酸缩水甘油酯、磷酸三（2-丁氧乙基）酯、斯托达溶剂、2,6-二甲基-1,3-二噁烷-4-醇乙酸酯、2-丙基庚基辛酸酯、亚磷酸二甲酯、邻氨基苯甲酸肉桂酯、卡瓦提取物、聚氯乙烯树脂、聚醋酸乙烯酯、聚氨酯树脂、聚甲基丙烯酸甲酯、聚甲基丙烯酸甲酯、聚亚甲基聚苯基异氰酸酯、香豆素、3,3″-二甲氧基-4,4″-联苯二异氰酸酯、*γ*-丁内酯、*N*-苯甲基-*N*-（3,4-二氯基本）-DL-丙氨酸乙酯、苯甲酸甲酯、2-苯乙基异氰酸酯、（1R,2R,4R）-冰片-2-硫氰基醋酸酯、丙酸甲酯、丙酸烯丙酯、丙酸乙酯、丙酸异丙酯、丙酸异丁酯、丙酸异戊酯、丙酸正丁酯、丙酸正戊酯、丙酸仲丁酯、丙烯酸-2-硝基丁酯、丙烯酸羟丙酯、2-丙烯酸-1,1-二甲基乙基酯、碘乙酸乙酯、丁酸丙烯酯、丁酸正戊酯、丁烯酸甲酯、杜廷、二-（2-乙基己基）磷酸酯、二-（4-叔丁基环己基）过氧重碳酸酯、二（三氯甲基）碳酸酯、3,3-二-（叔戊基过氧）丁酸乙酯、*S,S*′-（1,4-二噁烷 2,3-二基）*O,O,O*′*,O*′-四乙基双（二硫代磷酸酯）、*O*-[4-（（二甲氨基）磺酰基）苯基]*O,O*-二甲基硫代磷酸酯、*O-O*-二甲基-*O*-（2-甲氧甲酰基-1-甲基）乙烯基磷酸酯、二甲基-4-（甲基硫代）苯基磷酸酯、*O,O*-二甲基-*O*-（4-甲硫基-3-甲基苯基）硫代磷酸酯、（E）-*O,O*-二甲基-*O*-[1-甲基-2-（1-苯基-乙氧基甲酰）乙烯基]磷酸酯、（E）-*O,O*-二甲基-*O*-[1-甲基-2-（二甲基氨基甲酰）乙烯基]磷酸酯、*O,O*-二甲基-S-（2-甲硫基乙基）二硫代磷酸酯（II）、*O,O*-二甲基-S-（2-乙硫基乙基）二硫代磷酸酯、*O,O*-二甲基-S-（3,4-二氢-4-氧代苯并[*d*]-[1,2,3]-三氮苯-3-基甲基）二硫代磷酸酯、*O,O*-二甲基-S-（吗啉代甲酰甲基）二硫代磷酸酯、*O,O*-二甲基-S-（酞酰亚胺基甲基）二硫代磷酸酯、*O,O*-二甲基-S-（乙基氨基甲酰甲基）二硫代磷酸酯、4-*N,N*-二甲基氨基-3-甲基苯基 *N*-甲基氨基甲酸酯、3-二甲基氨基亚甲基亚氨基苯基-*N*-甲基氨基甲酸酯（或其盐酸盐）、2,2-二甲基丙酸甲酯、1,3-二甲基丁醇乙酸酯、*O,O*-二甲基-对硝基苯基磷酸酯、二氯乙酸甲酯、二氯乙酸乙酯、*S*-[2-（二乙氨基）乙基]-*O,O*-二乙基硫赶磷酸酯、二乙二醇二硝酸酯、*O,O*-二乙基-*O*-（2,2-二氯-1-β-氯乙氧基乙烯基）-磷酸酯、*O,O*-二乙基-*O*-（3-氯-4-甲基香豆素-7-基）硫代磷酸酯、*O,O*-二乙基-*O*-（4-甲基香豆素基-7）硫代磷酸酯、*O,O*-二乙基-*O*-（4-硝基苯基）磷酸酯、*O,O*-二乙基-*O*-（4-硝基苯基）硫代磷酸酯、*O,O*-二乙基-*O*-[2-氯-1-（2,4-二氯苯基）乙烯基]磷酸酯、*O,O*-二乙基-*O*-2,5-二氯-4-甲硫基苯基硫代磷酸酯、*O,O*-二乙基-*O*-2-吡嗪基硫代磷酸酯、*O,O*-二乙基-*O*-喹噁啉-2-基硫代磷酸酯、*O,O*-二乙基-*S*-（2,5-二氯苯硫基甲基）二硫代磷酸酯、*O,O*-二乙基-*S*-（2-氯-1-酞酰亚氨基乙基）二硫代磷酸酯、*O,O*-二乙基-*S*-（2-乙基亚磺酰基乙基）二硫代磷酸酯、*O,O*-二乙基-*S*-（异丙基氨基甲酰甲基）二硫代磷酸酯、*O,O*-二乙基-*S*-[*N*-（1-氰基-1-甲基乙基）氨基甲酰甲基]硫代磷酸酯、*O,O*-二乙基-*S*-氯甲基二硫代磷酸酯、*O,O*-二乙基-*S*-叔丁基硫甲基二硫代磷酸酯、*O,O*-二乙基-*S*-乙基亚磺酰基甲基二硫代磷酸酯、*O,O*-二异丙基-*S*-（2-苯磺酰胺基）乙基二硫代磷酸酯、二正丙基过氧重碳酸酯、氟乙酸甲酯、氟乙酸乙酯、甘露糖醇六硝酸酯、	388

类别	特征污染物	个数
酯类化合物	铬酸叔丁酯四氯化碳溶液、硅酸四乙酯、过二碳酸二-（2-乙基己）酯、过二碳酸二-（3-甲氧丁）酯、过新庚酸-1,1-二甲基-3-羟丁酯、过新庚酸枯酯、过新癸酸叔己酯、过氧-3,5,5-三甲基己酸叔丁酯、过氧苯甲酸叔丁酯、过氧丁烯酸叔丁酯、1-（2-过氧化乙基己醇）-1,3-二甲基丁基过氧化新戊酸酯、过氧新癸酸枯酯、过氧新戊酸枯酯、1,1,3,3-过氧新戊酸四甲叔丁酯、过氧异丙基碳酸叔丁酯、过氧重碳酸二环己酯、过氧重碳酸二仲丁酯、过乙酸叔丁酯、季戊四醇四硝酸酯、*O*-甲基-*O*-（4-溴-2,5-二氯苯基）苯基硫代磷酸酯、3-甲基吡唑-5-二乙基磷酸酯、甲基丙烯酸-2-二甲氨乙酯、甲基丙烯酸烯丙酯、甲基丙烯酸乙酯、甲基丙烯酸异丁酯、甲基丙烯酸正丁酯、3-（1-甲基丁基）苯基-*N*-甲基氨基甲酸酯 和 3-（1-乙基丙基）苯基-*N*-甲基氨基甲酸酯、甲酸环己酯、甲酸甲酯、甲酸烯丙酯、甲酸异丙酯、甲酸异丁酯、甲酸异戊酯、甲酸正丙酯、甲酸正丁酯、甲酸正己酯、甲酸正戊酯、3-甲氧基乙酸丁酯、甲氧基乙酸甲酯、甲氧基异氰酸甲酯、联十六烷基过氧重碳酸酯、硫代氯甲酸乙酯、硫代异氰酸甲酯、硫氰酸甲酯、硫氰酸乙酯、硫氰酸异丙酯、*N,N*-六亚甲基硫代氨基甲酸-*S*-乙酯、*N*（3-氯苯基）氨基甲酸（4-氯丁炔-2-基）酯、2-氯丙酸甲酯、（R）-（+）-2-氯丙酸甲酯、2-氯丙酸乙酯、3-氯丙酸乙酯、2-氯丙酸异丙酯、氯代膦酸二乙酯、氯甲酸-2-乙基己酯、氯甲酸苯酯、氯甲酸苄酯、氯甲酸环丁酯、氯甲酸甲酯、氯甲酸氯甲酯、氯甲酸三氯甲酯、氯甲酸烯丙基酯、氯甲酸乙酯、氯甲酸异丙酯、氯甲酸异丁酯、氯甲酸正丙酯、氯甲酸正丁酯、氯甲酸仲丁酯、氯乙酸丁酯、氯乙酸甲酯、氯乙酸叔丁酯、氯乙酸乙烯酯、氯乙酸乙酯、氯乙酸异丙酯、4-氯正丁酸乙酯、2,2′-偶氮二-（2-甲基丙酸乙酯）、硼酸三甲酯、硼酸三乙酯、硼酸三异丙酯、2-羟基丙酸甲酯、2-羟基丙酸乙酯、2-羟基异丁酸乙酯、氰基乙酸乙酯、（RS）-2-[4-（5-三氟甲基-2-吡啶氧基）苯氧基]丙酸丁酯、三氟乙酸乙酯、2,4,4-三甲基戊基-2-过氧化苯氧基乙酸酯、三聚氰酸三烯丙酯、三氯乙酸甲酯、三乙基砷酸酯、叔丁基过氧-2-甲基苯甲酸酯、叔丁基过氧-2-乙基己酸酯、叔丁基过氧-2-乙基己碳酸酯、叔丁基过氧新戊酸酯、叔丁基过氧异丁酸酯、叔戊基过氧-2-乙基己酸酯、叔戊基过氧戊酸酯、叔戊基过氧新癸酸酯、双（1-甲基乙基）氟磷酸酯、4,4-双-（过氧化叔丁基）戊酸正丁酯、1,1,3,3-四甲基丁基过氧-2-乙基己酸酯、1,1,3,3-四甲基丁基过氧新癸酸酯、四磷酸六乙酯、*O,O,O′,O′*-四乙基二硫代焦磷酸酯、四乙基焦磷酸酯、钛酸四乙酯、钛酸四异丙酯、钛酸四正丙酯、碳酸二甲酯、碳酸乙丁酯、硝酸乙酯、硝酸异丙酯、硝酸异戊酯、硝酸正丙酯、硝酸正丁酯、硝酸正戊酯、2-溴-2-甲基丙酸乙酯、溴乙酸甲酯、溴乙酸叔丁酯、溴乙酸乙酯、溴乙酸异丙酯、溴乙酸正丙酯、亚磷酸二丁酯、亚磷酸三苯酯、亚磷酸三甲酯、亚磷酸三乙酯、亚硝酸甲酯、亚硝酸乙酯、亚硝酸异丙酯、亚硝酸异戊酯、亚硝酸正丙酯、亚硝酸正戊酯、乙二酸二丁酯、乙二酸二甲酯、乙二酸二乙酯、*O*-乙基-*O*-（3-甲基-4-甲硫基）苯基-*N*-异丙氨基磷酸酯、*O*-乙基-*O*-2,4,5-三氯苯基-乙基硫代膦酸酯、	388

类别	特征污染物	个数
酯类化合物	*O*-乙基-*S*,*S*-二苯基二硫代磷酸酯、*O*-乙基-S-苯基乙基二硫代膦酸酯、*S*-乙基亚磺酰甲基-*O*,*O*-二异丙基二硫代磷酸酯、2-乙硫基苄基 *N*-甲基氨基甲酸酯、乙酸环己酯、乙酸甲酯、乙酸间甲酚酯、乙酸叔丁酯、乙酸烯丙酯、乙酸乙基丁酯、乙酸异丙酯、乙酸异丁酯、乙酸异戊酯、乙酸正丁酯、乙酸正己酯、乙酸正戊酯、乙烯基乙酸异丁酯、1-异丙基-3-甲基吡唑-5-基 *N*,*N*-二甲基氨基甲酸酯、3-异丙基-5-甲基苯基 *N*-甲基氨基甲酸酯、3-异丙基苯基-*N*-氨基甲酸甲酯、异丁酸甲酯、异丁酸乙酯、异丁酸异丙酯、异丁酸正丙酯、异硫氰酸-1-萘酯、异氰基乙酸乙酯、异氰酸-3-氯-4-甲苯酯、异氰酸对硝基苯酯、异氰酸对溴苯酯、异氰酸环己酯、异氰酸三氟甲苯酯、异氰酸十八酯、异氰酸叔丁酯、异氰酸乙酯、异氰酸异丙酯、异氰酸异丁酯、异氰酸正丙酯、异氰酸正丁酯、原丙酸三乙酯、原甲酸三甲酯、原甲酸三乙酯、原乙酸三甲酯、正丁酸甲酯、正丁酸乙烯酯、正丁酸乙酯、正丁酸异丙酯、正丁酸正丙酯、正丁酸正丁酯、正硅酸甲酯、正己酸甲酯、正己酸乙酯、正戊酸乙酯、正戊酸正丙酯、2-仲丁基-4,6-二硝基苯基-3-甲基丁-2-烯酸酯、重氮乙酸乙酯、氟氯菊酯	388
有机盐	二乙基二硫代氨基甲酸钠、*N*-亚硝基苯胲铵盐、全氟辛基磺酸铵、全氟辛基磺酸钾、颜料红 53∶1、CI Acid Red 114、专利兰 VF、邻苯基苯酚钠、β-羟基-β-甲基丁酸钙、非那吡啶盐酸盐、次氮基三乙酸及其盐、敌克松、黄血盐钠、二甲基二硫代氨基甲酸硒、二甲基二硫代氨基甲酸铁、二乙基二硫代氨基甲酸钠、直接棕 95、酸性紫 49、二乙基二硫代氨基甲酸碲、二乙基二硫代氨基甲酸碲、双（2-羟乙基）二硫代氨基甲酸钾、日落黄、全氟丁基磺酸钾、伊文思蓝、鲜红 3R、酸性红 14、盐酸甲基苄肼、丽春红 C、食用色素亮蓝、2-异丙基氨基-1-（2-萘）乙醇盐酸盐、淡绿 SF、橙黄 I、甘露醇氮芥二盐酸盐、氮芥子气、琥珀酸多西拉敏、碱性红 9、CI 基本绿色 4、酸性橙 3、盐酸酚苄明、2-氨基二吡啶并[1,2-a∶3,2-d]咪唑盐酸盐、2-氨基-6-甲基二吡啶并（1,2-A∶3′,2′-D）咪唑盐酸盐、三（2-氯乙基）胺盐酸盐、*N*,*N*-二乙基丙炔胺硫酸盐、苋菜红、4-氨基苯胂酸钠、氨基胍重碳酸盐、(2-氨基甲酰氧乙基）三甲基氯化铵、苯酚钠、苯基氢氧化汞、苯甲酸汞、*N*-（苯乙基-4-哌啶基）丙酰胺柠檬酸盐、丙二酸铊、草酸汞、醋酸三丁基锡、对硝基苯酚钾、对硝基苯酚钠、二苯基胺氯胂、4-二甲基氨基-6-（2-二甲基氨乙基氧基）甲苯-2-重氮氯化锌盐、二甲基胂酸钠、氟乙酸钾、氟乙酸钠、*N*-环己基环己胺亚硝酸盐、3-（1-甲基-2-四氢吡咯基）吡啶硫酸盐、甲基胂酸锌、甲酸亚铊、甲藻毒素（二盐酸盐）、焦硫酸汞、酒石酸化烟碱、酒石酸锑钾、磷酸二乙基汞、硫酸三乙基锡、六硝基二苯胺铵盐、4-氯-2-硝基苯酚钠盐、氯化苯汞、氯化琥珀胆碱、4-氯邻甲苯胺盐酸盐、*N*-（4-氯邻甲苯基）-*N*,*N*-二甲基甲脒盐酸盐、葡萄糖酸汞、*N*-3-[1-羟基-2-（甲氨基）乙基]苯基甲烷磺酰胺甲磺酸盐、羟间唑啉（盐酸盐）、全氟辛基磺酸二癸二甲基铵、全氟辛基磺酸锂、全氟辛基磺酸四乙基铵、乳酸苯汞三乙醇铵、乳酸锑、三苯基磷、三苯基乙酸锡、三氟化硼乙酸络合物、三氟乙酸铬、2,4,6-三硝基苯酚铵、	121

类别	特征污染物	个数
有机盐	树脂酸钙、树脂酸钴、树脂酸铝、树脂酸锰、树脂酸锌、水杨酸汞、水杨酸化烟碱、四丁基氢氧化铵、四丁基氢氧化磷、四甲基氢氧化铵、四氯锌酸-2,5-二丁氧基-4-（4-吗啉基）-重氮苯（2∶1）、四乙基氢氧化铵、酸式硫酸三乙基锡、硝酸重氮苯、1,2-亚乙基双二硫代氨基甲酸二钠、盐酸马钱子碱、乙汞硫水杨酸钠盐、乙酸钡、乙酸苯汞、乙酸汞、乙酸甲氧基乙基汞、乙酸铍、乙酸三甲基锡、乙酸三乙基锡、乙酸亚汞、乙酸亚铊、乙酰亚砷酸铜、油酸汞、月桂酸三丁基锡、2-重氮-1-萘酚-4-磺酸钠、2-重氮-1-萘酚-5-磺酸钠	121
金属有机化合物	羰基镍、乙基汞、四乙基铅、五羰基铁、8-羟基喹啉铜、代森锌、葡糖硫金、顺铂、木聚硫钠、5-[（2-羟基-3,7-二磺基-1-萘基）偶氮]-1H-1,2,4-三唑-3-羧酸钠镍络合物、代森锰锌、糊精铁、右旋糖酐铁、苯基溴化镁、丁醇钠、二苯基二硒、二苯基汞、二苯基氯胂、二苯基镁、二丁基二（十二酸）锡、二丁基二氯化锡、二甲基镁、二甲基锌、二氯化乙基铝、4,6-二硝基-2-氨基苯酚锆、4,6-二硝基-2-氨基苯酚钠、2,4-二硝基苯酚钠、二硝基邻甲酚钾、4,6-二硝基邻甲苯酚钠、二乙基镁、二乙基硒、二乙基锌、己醇钠、邻硝基苯酚钾、氯化二乙基铝、氯化甲基汞、氯化甲氧基乙基汞、氯化乙基汞、羟基甲基汞、氰胍甲汞、三苯基氢氧化锡、三丙基铝、三丙基氯化锡、三丁基铝、三丁基氯化锡、三丁基硼、三丁基氢化锡、三丁基氧化锡、三环己基氢氧化锡、三甲基铝、三甲基硼、三氯化三甲基二铝、三氯化三乙基二铝、2,4,6-三硝基苯酚钠、2,4,6-三硝基苯酚银、2,4,6-三硝基苯磺酸钠、2,4,6-三硝基间苯二酚铅、三溴化三甲基二铝、三乙基铝、三乙基硼、三乙基锑、三异丁基铝、四苯基锡、四丁基锡、四乙基锡、铜乙二胺、五氯酚钠、乙醇钾、乙醇钠、异戊醇钠	70
杂环化合物	1,4-二氧己环、*N*-亚硝基新烟草碱、喹啉、咔唑、1-甲基异喹啉、8-甲基喹啉、2378四氯代二苯并对呋喃、八氯代二苯并对呋喃、莠去津、3-甲基吡啶、吡啶、2,3,4,7,8-五氯二苯并呋喃、四氢呋喃、二苯并[*a*,*h*]吖啶、二苯并[*c*,*h*]吖啶、苯并[*a*]吖啶、苯并[*c*]吖啶、五氯二苯并呋喃、四氢噻吩、2,5-二甲基呋喃、3,4-二甲基吡啶、6-甲基喹啉、4-甲基喹啉、7-甲基喹啉、2,4-二甲基吡啶、异补骨脂素、7H-二苯并咔唑、呋喃、氮丙啶、8-羟基喹啉、吗啉、1,2,3,7,8,9-六氯二苯并呋喃、PARASORBICACID、1-亚硝基哌啶、环氧七氯、2-氨基-1-甲基-6-苯基咪唑并[4,5-*b*]吡啶、安普罗林、2-氨基-5-硝基噻唑、佳乐麝香、西玛津、灰黄霉素、环氯霉素毒、磺胺甲基异噁唑、羟保松、利福平、啶虫脒、硝乙脲噻唑、黄曲霉毒素、硫脲嘧啶、展青霉素、2-巯基苯并噻唑、溶剂红 43、*N*-亚硝基降烟碱（NNN）、吡啶溴化氢盐、1,2,3,7,8,9-六氯二苯并呋喃、依托格鲁、硫酸长春新碱、道诺霉素、2-氰基-3-甲基吡啶、T2-毒素、苯噻硫氰、4,4′-二甲基异补骨脂素、抗蚜威、灭草松、氯化二苯并呋喃、BIS（1-AZARIDINYL）MORPHOLINOPHOSPHINESULPHIDE、西门肺草碱、2,2′-oxybis-6-oxabicyclo[3.1.0]hexane、利帕西泮、环丙二氮、卡马西平、花椒毒素、trans-2-[（Dimethylamino）methylimino]-5-[2-（5-nitro-2-furyl）-vinyl]-1,3,4-oxadiazole、A-alpha-C（2-氨基-9H-吡啶[2,3-*b*]吲哚）、艾司唑仑、2-乙酰基吲哚、毛果天芥菜碱、齐多夫定、	234

类别	特征污染物	个数
杂环化合物	野百合碱、二嗪磷、依托泊苷、硝呋噻唑、三甲沙林、氨苯喋啶、4,5′-Dimethylangelicin、度氟西泮、1-氯代二苯并[*b*,*d*]呋喃、达卡巴嗪、地西泮、甲硝唑、倒千里光碱、千里光菲灵碱、吖啶橙、保泰松、6-巯基嘌呤、5-氟尿嘧啶、安吖啶、西咪替丁、丙基硫尿嘧啶、1-乙基哌嗪、furothiazole、氯喹盐基、呋塞米、异烟肼、好安威、*N*-亚硝基去甲槟榔次碱、缩水甘油、1,2,3,4,7,8,9-七氯二苯并呋喃、1,2,3,4,7,8-六氯二苯并呋喃、甲基硫脲嘧啶、1,2,3,6,7,8-六氯二苯并呋喃、5,5-二苯基海因、磺胺二甲嘧啶、咖啡因、乙胺嘧啶、茶碱、氢氯噻嗪、甲氨蝶呤、阿昔洛韦、呋喃西林、*N*-亚硝基吗啉、柳氮磺胺吡啶、蜂斗菜烯碱、3-羟基-1,2,3,4-四氢苯并[*h*]喹啉、奥沙西泮、甲巯咪唑、2,3,4,6,7,8-六氯二苯并呋喃、尼立达唑、氨基三唑、色氨酸 P2、呋喃妥因、1,2,3,4,6,7,8-六氯二苯并呋喃、2-氨基-3-甲基-9H-吡啶并[2,3-*b*]吲哚、千里光碱、2-甲基咪唑、氨苄西林、去羟肌苷、*N*-亚硝基新烟草碱（NAT）、2-氨基-5-（5-硝基-2-呋喃基）-1,3,4-噻二唑、亚甲基蓝、磺胺甲噁唑、扑草净、2′,3′-二脱氧胞苷、Q[2-氨基-3-甲基咪唑并（4,5-*f*）喹啉]、2-氨基-3,4-二甲基-3h-咪唑并喹啉、2-氨基-3,8-二甲基咪唑并喹喔啉、呋喃羟甲三嗪、Aziridyl benzoquinone、吖啶黄、硝呋烯腙、咪草烟、罗丹明 B、4-甲基咪唑、莠去净、可可碱、替马西泮、氟硅唑、Pyrido[3,4-*c*]psoralen、7-Methylpyrido [3,4-*c*]psoralen、2-乙酰基-5-溴-4-甲基噻吩、肼酞嗪、特丁净、氯嘧磺隆、二氢黄樟脑、四氯二苯并呋喃、5-氨基-3-苯基-1-[双（*N*,*N*-二甲基氨基氧膦基）]-1,2,4-三唑、2-氨基吡啶、3-氨基吡啶、4-氨基吡啶、3-氨基喹啉、*N*-氨基乙基哌嗪、1,3,4,5,6,7,8,8-八氯-1,3,3a,4,7,7a-六氢-4,7-甲撑异苯并呋喃、吡咯、2-苄基吡啶、4-苄基吡啶、毒毛旋花苷 G、毒毛旋花苷 K、2,5-二甲基吡啶、2,6-二甲基吡啶、3,5-二甲基吡啶、2,6-二甲基吗啉、1,4-二甲基哌嗪、二甲双胍、二甲氧基马钱子碱、2,3-二氢吡喃、1,3-二氧戊环、海葱糖甙、花青甙、2-甲基-5-乙基吡啶、2-甲基吡啶、4-甲基吡啶、甲基狄戈辛、2-甲基呋喃、*N*-甲基吗啉、2-甲基哌啶、3-甲基哌啶、4-甲基哌啶、*N*-甲基哌啶、3-甲基噻吩、2-甲基四氢呋喃、3-甲基异喹啉、4-甲基异喹啉、5-甲基异喹啉、6-甲基异喹啉、7-甲基异喹啉、8-甲基异喹啉、硫酸马钱子碱、2-氯-4-二甲氨基-6-甲基嘧啶、2-氯吡啶、α-氯化筒箭毒碱、木防己苦毒素、哌啶、哌嗪、噻吩、三（环己基）-1,2,4-三唑-1-基）锡、1,2-O-[（1R）-2,2,2-三氯亚乙基]-α-D-呋喃葡糖、2,5-双（1-吖丙啶基）-3-（2-氨甲酰氧-1-甲氧乙基）-6-甲基-1,4-苯醌、1,2,5,6-四氢吡啶、四氢吡咯、四氢吡喃、乌头碱、3-硝基吡啶、硝基马钱子碱、烟碱氯化氢、盐酸吐根碱、2-乙基吡啶、3-乙基吡啶、4-乙基吡啶、*N*-乙基吗啉、*N*-乙基哌啶、2-乙烯基吡啶、4-乙烯基吡啶、*N*-正丁基咪唑、克百威	234

类别	特征污染物	个数
其他	石棉（烧碱石棉、钛石棉、温石棉、石棉纤维）、矿油精、煤焦油沥青、石英粉、润滑油基础油、白色矿物油、化学需氧量、动植物油、煤焦油杂酚油、甲肼、沸石、丁醛肟、海泡石、铁石棉、颜料红 49∶3、偶氮钠盐红色活性染料、环氧类化合物、（5E）-3-甲基环十四烷-5-烯-1-酮和（5Z）-3-甲基环十四烷-5-烯-1-酮的混合物（62-68%∶24-26%）、1-螺（4,5）-7-癸烯-7-基-4-戊烯-1-酮和 1-螺（4,5）-6-癸烯-7-基-4-戊烯-1-酮的混合物（40-60%∶30-50%）、2-取代丙酸烷基酯与三[1,3-苯二酚]三嗪的反应产物、全氟烷氧基树脂、柄曲霉素标准品 Sterigmatocystin、微囊藻毒素 LR、博来霉素、硅胶、伏马毒素 B1、节球藻毒素 Nodularin、温石棉、维生素 k、硫酸化石墨、士林金黄 GK、石棉、苯甘孢霉素环二肽、硫酸长春碱、硝酸根、亚硝酸根、滑石粉、苏铁苷、对芳族聚酰胺纤维、苄基紫 4B（酸性紫 49）、链脲霉素、固绿 FCF、尼龙 6、Hydroxysenkirkine、敌草快、泼尼莫司汀、曲奥舒凡、肼、联氨、酰肼、碳纳米管、Silicon carbide fibers、HCFC-122、食品红 4、几尼绿 B、（S,R/R,S）2-[1-（3,3-二甲基环己基）乙氧基]-2-甲基-丙基环丙烷羧酸酯与（S,S/R,R）2-[1-（3,3-二甲基环己基）乙氧基]-2-甲基-丙基环丙烷羧酸酯的混合物（72-82%: 10-15%）、β-叶绿素、不育特、poligeenan、Diacetylaminoazotoluene、煤焦油、Erionite、岩油、1-甲基-3-硝基-1-亚硝基胍、锥虫兰、毒杀芬、毒鼠强、蔗糖铁、沥青、角叉莱胶、植酸酶、氯乙烯-醋酸乙烯共聚物（LC-201）、银杏叶提取物、（E）9-十一碳腈与（Z）-9-十一碳腈和 10-十一碳腈的混合物（45-55%∶23-33%∶10-20%）、对盖基化过氧氢、1,3-二氟丙-2-醇（Ⅰ）与 1-氯-3-氟丙-2-醇（Ⅱ）的混合物、二硫化二甲基、放线菌素、肼、抗霉素 A、（+）-2-isopropyl chloropropionate、氯化二烯丙托锡弗林、煤油、迷迭香油、钠石灰、汽油、乳香油、水合肼、四氟代肼、松焦油、松节油、松节油混合萜、松油、松油精、羰基氟、天然气、铁铈齐、土荆芥油、硝化甘油、硝化淀粉、硝化酸混合物、硝化纤维素、硝化纤维塑料、液化石油气、乙基二氯胂、乙醛肟、乙烯砜、樟脑油、赭曲毒素、涕灭威、灭多威、福美锌、福美双	111
合计		3 370

清单Ⅰ表明，化工行业的土壤环境污染是以有机污染物为主，其中烃类及其衍生物、酯类化合物、胺类化合物和无机盐污染物占比较大，这类有机污染物相当一部分都具有致癌、致畸、致突变的作用，无机盐可破坏土壤环境自然缓冲，抑制微生物生长，阻碍水体自净。同时，还会增大地下水中无机盐类浓度和水的硬度，给工业和生活用水带来不利影响。这类污染物可持续存在于环境当中，随食物链传递，对不同生物及环境介质引起毒性效应[62-65]。因此，对于化工行业，这类污染物的管控亟须解决。

3.8.2　化工行业特征污染物清单Ⅱ

化工行业划分为石油化工、基础化工以及化学化纤三大类。以炼油厂为例，本研究调研了炼油厂将原油加工成各种燃料（汽油、煤油、柴油）、溶剂油、常压重油、石脑油等石油产品或石油化工原料（如正构烷烃、苯、甲苯、二甲苯等）的工艺过程，一般炼油厂工艺流程见图 3-19。石油炼制的过程一般是先将原油切割成各种不同沸程的馏分，然后将这些馏分按照产品规格要求，除去其中的非理想组分和有害杂质，或者经过化学转化形成所需要的组分，进而加工成产品。

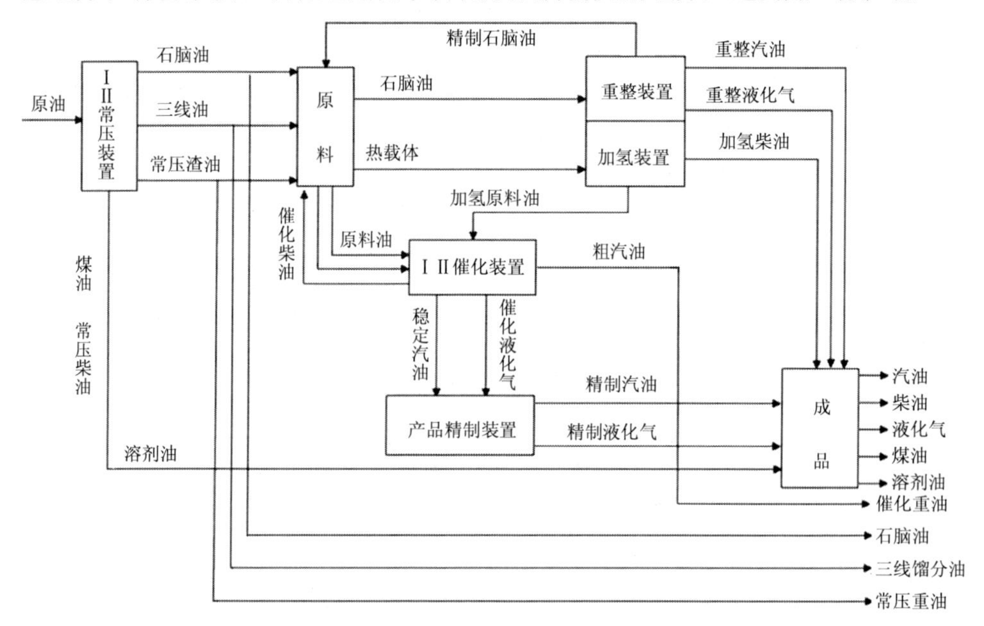

图 3-19　化工行业（以炼油厂为例）工艺流程

原油硫含量的高低是影响污染程度主要因素，原油的硫并不是单独形式存在，而是主要以硫、氧氮的烃氢化合物形态存在，同时含硫原油中胺类、酯类等含量也较高，致使外排污染物含量也明显增加。炼油厂的生产规模、加工方法的科学化可以提高石油产品质量，而且也影响到炼油厂排放污染物的种类和数量。炼油厂生产过程中，有多种废物产生，多属于化学废物，部分具有可燃有毒易反应的特征，其形态有固态、液态、浆液状等不同类型。

通过了解化工行业重点企业现场使用原辅材料，生产工艺流程（图 3-19）中可能产生的中间产物，产品自身所存在的污染物，以及环境影响评价报告、清洁生产报告、土壤环境质量调查报告以及土壤及地下水自行监测报告等资料，对企业进行全面分析等，整理汇总得到该行业特征污染物清单Ⅱ。

如表 3-21 所示，化工行业特征污染物清单Ⅱ共计 10 种特征污染物，包括二噁英、胺类、烃类衍生物、有机酸、酯类化合物等污染物。

表 3-21 化工行业特征污染物清单Ⅱ

序号	特征污染物	类别
1	1,2,3,7,8,9-六氯代二苯并对二噁英	二噁英
2	*N*,*N*'-烷基-双-3-二异辛氧基磷基硫基硫代酰胺	胺类
3	二硫代（芳香族亚氨基）二（烷基）酸	烃类衍生物
4	不饱和烷基胺与二羧基酐反应产物	其他
5	（5E）-3-甲基环十四烷-5-烯-1-酮和（5Z）-3-甲基环十四烷-5-烯-1-酮的混合物（62-68%∶24-26%）	
6	1-螺（4,5）-7-癸烯-7-基-4-戊烯-1-酮和 1-螺（4,5）-6-癸烯-7-基-4-戊烯-1-酮的混合物（40-60%∶30-50%）	
7	4-N-亚硝基甲基氨-1-（3-吡啶基）丁酮	酮类
8	（αS）-α-羟基-苯乙酸	有机酸
9	雌二醇双[4-[二（2-氯乙基）氨基]苯乙酸]酯	酯类化合物
10	3,4-环氧-6-甲基环乙基甲基-3,4-环氧-6-甲基环己烷甲酸酯	

3.8.3 化工行业特征污染物清单

针对我国化工行业场地土壤污染，结合两个步骤所得出的清单Ⅰ和清单Ⅱ，初步构建了污染场地特征污染物筛选技术，如图 3-20 所示，清单Ⅰ囊括了清单Ⅱ中的 10 种污染物，两个清单共得出石油加工行业土壤 3 371 种特征污染物。查阅现有排放标准、技术规范和科研文献可作为污染物清单筛选的重要步骤，为加强重点行业污染源监管和防护工作提供基础支撑。

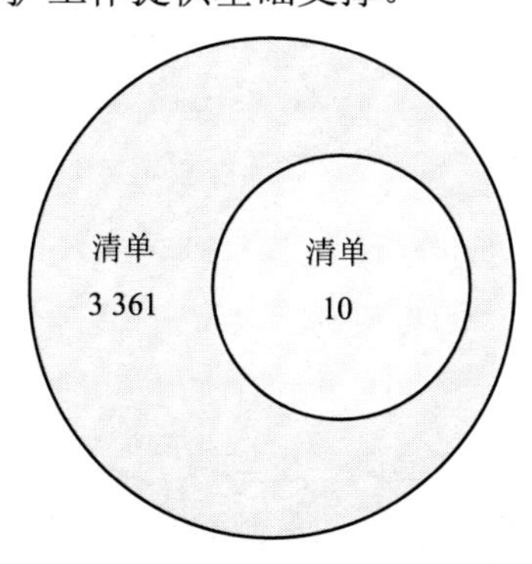

图 3-20 污染物清单Ⅰ、清单Ⅱ综合结果对比图

两个清单表明，化工场地属于复合型污染地区，其中烃类及其衍生物、酯类化合物、胺类化合物和无机盐是主要污染物。这些污染物普遍具有环境持久性和生物累积性，可对动物产生致癌、致畸、致突变的作用，其长期蓄积在环境中和生物体内，并沿食物链富集，或者随着空气、水流长距离迁移，对不同生物及环境介质引起毒性效应[66-68]。

3.9 农药行业

3.9.1 农药行业特征污染物清单Ⅰ

通过农药行业的资料收集，包括《农药制造工业大气污染物排放标准》（GB 39727—2020）、《杂环类农药工业水污染物排放标准》（GB 21523—2008）、《环境影响评价技术导则　农药建设项目》（HJ 582—2010）、《排污单位自行监测技术指南　农药制造工业》（HJ 987—2018）、《欧盟禁用农药清单》以及《农药管理条例》《农药工业水污染物排放标准（二次征求意见稿）》和10余篇国内外发表的中文核心期刊及SCI文献，整理汇总得到该行业特征污染物清单Ⅰ，如表3-22所示，共1 160种特征污染物。包括有机氯（165种）、胺类（157种）、酯类（143种）、有机磷（131种）、杂环化合物（104种）、酮类（93种）、有机酸类（51种）、磺隆类（42种）、菊酯类（35种）、醇类（33种）、有机金属类（26种）、醚类（24种）、脲类（22种）、无机盐（20种）、腈类（16种）、酚类（14种）、苯系物（14种）、烃类及其衍生物（14种）、多环芳烃及其衍生物（6种）、有机盐（5种）、硫化物（5种）、无机金属（4种）、砜类（4种）、氧化物（3）、磺酸类（3种）、醛类（3）、碱类（3种）、非金属单质（2种）以及其他污染物（18种）。

清单Ⅰ表明农药行业的主要污染物为有机氯、有机磷、胺类、酯类、酮类、杂环化合物等达到数百分子量的有机物。这些污染物不仅会对土壤产生影响，同样也会引起大气、水环境等问题[69]。土壤中的农药残留会通过植物的根茎转移至农作物中，被人类食用后对人体健康产生风险[69]。有报道称中国有机磷残留范围为9.93～303 ng/g，残留量最高的地区主要为东部、北部和中部[70,71]。而有效的污染物土壤处理方法也一直是我国科研人员长时间致力的研究方向。

表 3-22　农药行业特征污染物清单 I

类别	特征污染物	个数
有机磷	辛硫磷、二苯胺、邻苯基苯酚、2,4-滴丁酯、莠去津、四氯硝基苯、间苯二酚、百里酚、毒死蜱、五氯硝基苯、胺菊酯、顺式氰戊菊酯、偶氮苯、甲氰菊酯、滴滴涕、敌敌畏、乐果、七氯、*α*-六六六、*γ*-六六六、灭蚁灵、溴甲烷、溴虫腈、三氯杀螨醇、4,4-滴滴滴、增效醚、敌草隆、氯苯胺灵、多菌灵、草甘膦、戊唑醇、杀螟硫磷、西玛津、苯胺灵、马来酰肼、克菌丹、稻丰散、啶虫脒、敌克松、阿螨特、绿麦隆、氟乐灵、百菌清、1,2,3,7,8,9-六氯二苯并呋喃、伏草隆、杀虫畏、燕麦敌、抗蚜威、克螨特、炔螨特、丁草胺、三唑磷、灭草松、异丙威、敌草快、灭草丹、乙酰甲胺磷、利谷隆、[农药] 二嗪农（杀虫剂）；二嗪磷、二嗪农、仲丁威、1,3-二氯苯、丙溴磷、三唑酮、甲基萘、禾草灵、氰戊菊酯、溴氰菊酯、好安威、甲基毒死蜱、甲霜灵、丁草特、咪鲜胺、噻嗪酮、氟磺胺草醚、扑草净、丁醚脲、咪草烟、苄嘧磺隆、氟硅唑、特丁净、4-氯-2-甲基苯氧基乙酸、*O,O*-二甲基-*O*-（4-甲硫基-3-甲基苯基）硫代磷酸酯、*O,O*-二甲基-S-（3,4-二氢-4-氧代苯并[*d*]-[1,2,3]-三氮苯-3-基甲基）二硫代磷酸酯、*O,O*-二甲基-S-（酞酰亚胺基甲基）二硫代磷酸酯、*O,O*-二乙基-*O*-（4-硝基苯基）硫代磷酸酯[含量＞4%]、*O,O*-二乙基-S-叔丁基硫甲基二硫代磷酸酯、*O*-甲基-*O*-（2-异丙氧基甲酰基苯基）硫代磷酰胺、*O*-（甲基氨基甲酰基）-1-二甲氨基甲酰-1-甲硫基甲醛肟、硫酰氟、*N,N*-六亚甲基硫代氨基甲酸-S-乙酯、*N*（3-氯苯基）氨基甲酸（4-氯丁炔-2-基）脂、三（环己基）-1,2,4-三唑-1-基）锡、三环己基氢氧化锡、*O,O,O′,O′*-四乙基二硫代焦磷酸酯、3-[3-（4′-溴联苯-4-基）-1,2,3,4-四氢-1-萘基]-4-羟基香豆素、*O*-乙基-*O*-（3-甲基-4-甲硫基）苯基-*N*-异丙氨基磷酸酯、*O*-乙基-*O*-[（2-异丙氧基酰基）苯基]-*N*-异丙基硫代磷酰胺、乙草胺、涕灭威、唑嘧菌胺、环丙嘧啶酸、氯氨吡啶酸、双甲脒、C.I.直接蓝79、2,4-二羟基-5-甲氧基嘧啶、苯霜灵、苯并烯氟菌唑、联苯肼酯、氟氯菊酯、联苯三唑醇、联苯吡菌胺、啶酰菌胺、溴原子、溴螨酯、硫线磷、*C*-（3,4-二氯-苯基）-c-苯基-甲基胺盐酸盐、氯虫苯甲酰胺、氯丹、矮壮素、烯草酮、四螨嗪、噻虫胺、溴氰虫酰胺、氰霜唑、噻草酮、丁氟螨酯、三氟氯氰菊酯、环唑醇、嘧菌环胺、环丙氨嗪、麦草畏、2,6-二氯苯甲酰胺、氯硝胺、苯醚甲环唑、氟脲杀、二甲吩草胺-P、落长灵、烯酰吗啉、敌螨普、呋虫胺、乙拌磷、多果定、甲胺基阿维菌素苯甲酸盐、硫丹、异狄氏剂、乙烯利、乙硫磷、乙虫腈、灭克磷、乙氧基喹啉、依芬普司、乙螨唑、恶唑菌酮、咪唑菌酮、哑菌灵、喹螨醚、腈苯唑、苯丁锡、环酰菌胺、Fenpicoxamid、丁苯吗琳、胺苯吡菌酮、唑螨酯、氟虫腈、氟啶虫酰胺、精吡氟禾草灵、氟虫双酰胺、咯菌腈、氟砜灵、氟虫脲、氟氯苯菊酯、丙炔氟草胺、氟吡菌胺、氟吡菌酰胺、Flupyradifurone、氟酰胺、粉唑醇、氟唑菌酰胺、灭菌丹、Fosetyl Al、草铵膦、Guazatine、吡氟氯禾灵、噻螨酮、红磷、抑霉唑、甲氧咪草烟、	131

类别	特征污染物	个数
有机磷	甲基咪草烟、灭草烟、咪唑乙烟酸、吡虫啉、2,4-二叔丁基苯基）亚磷酸三酯、异菌脲、*N*--2-氧乙基]-3-甲基-2-噻吩甲酰胺、稻瘟灵、吡唑萘菌胺、异恶唑草酮、醚菌酯、虱螨脲、马拉硫磷、双炔酰菌胺、甲基磺草酮、甲胺磷、杀扑磷、灭虫威、灭多威、烯虫酯、甲氧虫酰肼、苯菌酮、腈菌唑、达草呋、氟酰脲、氧化乐果、氟噻唑吡乙酮、砜吸磷、甲基对硫磷、戊菌唑、吡噻菌胺、氯菊酯、甲拌磷、伏杀磷、啶氧菌酯、唑啉草酯、甲基嘧啶磷、霜霉威、丙环唑、丙硫菌唑、吡氟醚、吡唑醚菌酯、除虫菊酯、嘧霉胺、Pyriofenone、吡丙醚、二氯喹啉酸、喹氧灵、苯嘧磺草胺、氟唑环菌胺、乙基多杀菌素标准品、刺糖菌素、螺螨酯、螺甲螨酯、螺虫乙酯、氟啶虫胺腈、虫酰肼、氟苯脲、噻菌灵、噻虫啉、噻虫嗪、3-苯基-5-（噻吩-2-基）-[1,2,4]噁二唑、甲基立枯磷、唑虫酰胺、三唑醇、肟菌酯、三氟苯嘧啶、氟菌唑、嗪氨灵、抗倒酯、乙烯菌核利、克百威、福美锌、噁霉灵、草除灵、丙草胺、烟嘧磺隆、氯氰菊酯、吡嘧磺隆、杀螟丹、福美双、哒螨灵、残杀威、噻吩磺隆、联苯菊酯、阿维菌素、盐酸吗啉胍、高效氯氰菊酯、乙酸铜、杀虫双、氟铃脲、苯磺隆、异噁草松、井冈霉素、右旋胺菊酯、苏云金杆菌、甲基硫菌灵、乙霉威、烯唑醇、霜脲氰、杀虫单、三环唑、腐霉利、敌百虫、异丙草胺、精喹禾灵、三乙膦酸铝、高效氟吡甲禾灵、1,2-苯并异噻唑-3-酮、1,3-二氯丙烯、1,4-二氧六环、1-甲基环丙烯、10,10′-氧代双吩砒、2-（硫氰酸甲基巯基）苯并噻唑、2,3,6-三氯苯甲酸、2,4,5-三氯苯酚、2,4-二氯苯氧丁酸、2,5-二氯苯甲酸甲酯、对氯苯氧乙醚、8-羟基喹啉硫酸盐、灭螨醌、家蝇磷、乙酸、苯并噻二唑、三氟酸草醚、5-[2-氯-4-（三氟甲基）-苯氧基]-2-硝基苯甲酸钠、苯草醚、氟丙菊酯、乙基（Z）-*N*-苄基-*N*-[（甲基（1-甲硫基亚乙基氨基-氧碳基）氨基）硫]-B 丙氨酸酯、阿苯达唑、4-十二烷基-2,6-二甲基吗啉、得灭克/丁醛肟威、二氯丙酸、草毒死/二丙烯草胺、禾草灭、除害威、3-氯-1,2-丙二醇、右旋反式苯醚菊酯、ALPHA-硫丹、安妥、硫酸铝铵、硫酸铝、莠灭净、胺唑草酮、赛硫磷、酰嘧磺隆、环丙嘧啶酸、二氯氨基吡啶羧酸、甲基胺草磷、安美速、S-[2-（二乙氨基）乙基]*O*,*O*-二乙基硫赶磷酸酯、双甲脒、3-氨基-1,2,4-三氮唑、乙酸胺、碳酸铵、氢氧化铵、氨基磺酸胺、硫酸铵、硫氰酸铵、1-氨基丙基膦酸、环丙嘧啶醇、敌菌灵、莎稗磷、蒽油、福美胂、甲基-4-氨基苯磺酰基氨基甲酸酯钠盐、磺草灵、阿特拉津、氧环唑、唑啶草酮、唑啶磷、四唑嘧磺隆、谷硫磷乙酯、叠氮津、氧化福美双、1-氧化二苯基二氮烯、嘧菌酯、燕麦灵、硫钡合剂、氟丁酰草胺、精苯霜灵、苯唑磺隆、7-氯苯并[*d*]异噻唑、恶虫威、氟草胺、苯并呋喃硫酰氯、三氮杂苯、麦锈灵、苯菌灵、醌肟腙、地散磷、杀虫磺、丙唑草隆、苯噻菌胺、苯扎氯胺、双苯嘧草酮、苯并双环酮、吡草酮、苯螨特、*N*-苯甲酰-*N*-（3,4-二氯苯基）-DL-丙氨酸乙酯、噻草隆、氟吡草酮、甲羧除草醚、双丙氨膦、右旋烯丙菊酯、生物苄呋菊酯、双草醚、双（三氯甲基）砜、双三氟虫脲、	131

类别	特征污染物	个数
有机磷	联苯吡菌胺、骨油、波尔多液、除草定、溴鼠胺、溴丁酰草胺、溴杀烯、溴酚肟、溴磷松、溴苯腈庚酸酯、辛酰溴苯腈、3,5-二溴-4-羟基苯腈、糠菌唑、2-溴-2-硝基-1,3-丙醇、合杀威乳剂、buminafos、乙嘧酚磺酸酯、畜虫威、氟丙嘧草酯、丁胺磷、丁酮威、丁酯膦、丁酮砜威、丁烯酯甲酸、丁氧环酮、农药播士隆/炔草隆、苯酮唑、ALPHA-骨化醇、碳化钙、无水氯化钙、氢氧化钙、磷酸钙、毒杀芬、卡草胺、三硫磷、萎锈灵亚砜、萎锈灵、氟酮唑草、环丙酰菌胺、灭螨猛、壳聚糖、甲氧除草醚、alpha-氯醛糖、草灭畏、四氯苯醌、氯杀螨、氯溴隆、氯炔灵、开蓬、杀虫脒、（植物生长调节剂）、氯氧磷、伐草克、虫螨腈、杀螨醇、燕麦酯、对氯苯基对氯苯磺酸酯、敌螨特、毒虫畏、氟啶脲、整形素、膦基聚羧酸、氯嘧黄隆、氯甲磷、灭虫隆、地茂散、氯鼠酮、叶绿素铜钠盐、氯化苦、丙酯杀螨醇、枯草隆、4-氯-3,5-二甲基苯酚、三丁氯苄膦、氯辛硫磷、氯磺隆、氯酞酸二甲酯、赛草青、氯硫磷、乙菌利、维生素 D3、氯化胆碱、2′-叔丁基-5-甲基-2′-（3,5-二甲基苯甲酰基）色满-6-甲酰肼、吲哚酮草酯、环庚草醚、肉桂醛、醚黄隆、炔草酯、炔草酸、除线威、杀雄嗪酸、异恶草酮、氯甲酰草胺、2-（3-氯苯氧基）丙酸、3,6-二氯吡啶羧酸、解毒喹、3-氯-2-[（5-乙氧基-7-氟-[1,2,4]三唑并[5,1-C]嘧啶-2-基）磺酰氨基]苯甲酸甲酯、反式-8-反式-10-十二碳二烯-1-醇、氧化亚铜、醋酸铜、碱式碳酸铜、无水氯化铜、氢氧化铜、碱式氯化铜、硫酸铜、氯灭鼠灵、克鼠灵（克灭鼠）、4-羟基-3-（1,2,3,4-四氢-1-萘基）香豆素、6-甲基-4-（二甲氨基）-2-氯嘧啶、育畜磷、硫杂灵、苄草隆、（杀菌剂）、氰胺、草净津、苯腈磷、杀螟腈、氰虫酰胺、环丙酸酰胺、草灭特、乙氰菊酯、环胺磺隆、草噻喃（噻草酮）、环莠隆、腈吡螨酯、环氟菌胺、氰氟草酸、氰氟草酯、螨蜱胺、苯氰菊酯、酯菌胺、对异丙基甲苯磺酰胺、2,2-二氯丙酸、丁酰肼、棉隆、2,2-双（对氯苯基）-1,1,1-三氯乙烷、demeton-*O*-methyl sulfone、甲基内吸磷、茅草枯、内吸磷-S-甲基、苯甲地那铵、[3-[[（苯基氨基）甲酰基]氧]苯基]氨基甲酸乙酯、敌草净、2,6-二氯苄腈、除线磷、抑菌灵、二氯丙烯胺、双氯酚、（R）-2-（2,4-二氯苯氧基）丙酸、苄氯三唑醇、哒菌清、氯硝胺、双氯磺草胺、地昔尼尔、二聚环戊二烯、狄氏剂、得氯蹒、避蚊胺、恶醚唑、枯莠隆、野燕枯硫酸二甲酯、噻鼠灵、氟螨嗪、吡氟草胺、氟吡草腙、二氟林、difunon、调呋酸（一水）、敌草克钠、双（二甲胺基）磷酰氟、恶唑隆、二甲基硅油 1000、二甲草胺、异戊乙净、二甲嘧酚、苄菊酯、敌敌钙、2-二甲基氨基甲酰基-3-甲基-5-吡唑基-*N*,*N*-二甲基氨基甲酸酯、草灭散[含量＞10%]、醚菌胺、敌乐胺、2-仲丁基-4,6-二硝基苯基异丙基碳酸酯、地乐酚、芸香酸二壬酯、蔬果磷、水杨硫磷、二氧威、敌恶磷、敌鼠、草乃敌、敌草快（阳离子）、灭菌磷、2,3-二氰基-1,4-二硫代蒽醌、氟氯草定、4,6-二硝基邻甲酚、吗菌灵醋酸盐、吗菌灵,十二环吗啉、克瘟散、右旋反式炔戊菊酯、草多索、因毒磷、安特灵（异狄氏剂）、苯硫磷酯、	131

类别	特征污染物	个数
有机磷	1-[[（2S,3S）-3-（2-氯苯基）-2-（4-氟苯基）环氧乙烷-2-基]甲基]-1,2,4-三唑、依普菌素、茵草敌、禾草畏、乙环唑、韩乐宁、丁氟消草、胺苯磺隆、乙二肟、乙硫醇、赛唑隆,磺噻隆、乙虫清、乙嘧酚、益果粉剂、可湿性粉剂、颗粒剂、乙氧呋草黄、乙氧嘧磺隆、代森硫、醚菊酯、依杀螨、二甲基苯基丙烯酯、乙嘧硫磷、氯苯嘧啶醇、抗螨唑、解草唑、皮蝇磷、解草啶、甲呋酰胺、杀螟松、氰菌胺、恶唑禾草灵、精恶唑禾草灵、3-[（2,5-二氯-4-乙氧基苯基）甲磺酰]-4,5-二氢-5,5-二甲基异噁唑、双氧威、拌种咯、1-（3-（4-特丁基苯基）-2-甲基丙基）哌啶、顺-4-叔丁基苯基（-2-甲基丙基）-2,6-二甲基吗啉、杀雄嗪、除螨酯、苯胺磷或丰索磷、三苯基锡醋酸盐、三苯基氯化锡、四唑酰草胺、3-苯基-1,1-二甲基脲、福美铁、磷酸高铁、麦燕灵、麦草伏-M-异丙酯、啶嘧磺隆、氟鼠酮、双氟磺草胺、嘧螨酯、吡氟禾草隆、氟啶胺、异丙吡草酯、吡虫隆、氟虫酰胺、氟螨噻、氟酮磺隆钠、氟吡磺隆、氟消草、氟螨脲、氟氰戊菊酯、咯菌酯、氟噻草胺、氟哒嗪草酯、氟甲喹、*N*-（2-氯-6-氟苄基）-*N*-乙基-2,6-二硝基-4-三氟甲基苯胺、唑嘧磺草胺、氟烯草酸、氟吗啉、氟啶酰菌胺、氟吡菌酰胺、氟乙酰胺、三氟硝草醚、乙羧氟草醚、三氟苯唑、氟嘧菌酯、氟胺草唑、2,2,3,3-四氟丙酸钠、flupyrsulfuron、氟啶嘧磺隆、氟喹唑、解草安、9-羟基-9-芴甲酸、氟咯草酮、氟咯草酮、氯氟吡氧乙酸、氟草烟 1-甲基庚基酯、呋嘧醇、呋草酮、磺菌胺、嗪草酸甲酯、氟担菌宁、氟草肟、地虫磷、甲酰胺磺隆、氯吡脲、安果（安硫磷）、安果、乙膦酸、乙膦铝、福司吡酯、噻唑磷、麦穗灵、呋霜灵、呋吡菌胺、呋线威、解草恶唑、拌种胺、*γ*-氟氯氰菌酯、赤霉素 A4+赤霉素 A7、草胺膦、草铵膦、精草铵膦、草甘膦三甲基硫盐、双胍盐、苄螨醚、氯虫酰肼、氯吡嘧磺隆、吡氟甲禾灵、2-[4-（3-氯-5-三氟甲基-2-吡啶氧基）苯氧基]丙酸甲酯、庚烯磷、六氯芬、己唑醇、除虫脲、环嗪酮、氟蚁腙、过氧化氢、烯虫乙酯、恶霉灵、埃卡瑞丁、咪草酸、灭草喹、咪唑磺隆、亚胺唑、imicyafos、1-（6-氯-3-吡啶基甲基）-*N*-硝基亚咪唑烷-2-基胺、双胍辛胺三乙酸酯、双胍辛胺三乙酸酯、炔咪菊酯、茚草酮、三嗪茚草胺、（2,4-二叔丁基苯基）亚磷酸三酯、碘硫磷、碘甲磺隆、甲基碘磺隆钠盐、碘苯腈辛酸酯、碘苯腈、种菌唑标准品、三唑酰草胺、异稻瘟净、氯唑磷、碳氯灵（剧毒）、isopolinate、二氯吡啶酸酯乙酸酯、*N*-4-异丙基苯基-*N′*,*N′*-二甲基脲、吡唑萘菌胺、异噻菌胺、杀鼠酮[含量＜55%]、*N*-[3-（1-乙基-1-甲基丙基）-1,2-唑-5-基]-2,6-二甲氧基苯酰胺、双苯恶唑酸、异噁氟草、恶唑磷、依维菌素、特安灵、克来范、烯虫炔酯、乳氟禾草灵、高效氯氟氰菊酯、昆布多糖、左旋香芹酮、环草定、对溴磷、林丹（R-六六六）、十七氟-1-辛烷磺酸锂、1-[2,5-二氯-4-（1,1,2,3,3,3-六氟丙氧基）苯基]-3-（2,6-二氟苯甲酰基）脲、顺丁烯二酰肼、	131

类别	特征污染物	个数
有机磷	代森锰铜、代森锰、2-甲基-4-氯苯氧乙酸、酚硫杀标准品、2-甲基-4-氯苯氧基丁酸、2-甲基-4-氯戊氧基丙酸、高 2-甲-4-氯丙酸、苯噻草胺、吡咯二酸二乙酯、氟磺酰草胺、亚硫酸氢钠甲萘醌水合物、灭蚜松粉剂、可湿性粉剂、拌种剂、地安磷[含量＞5%]、缩节胺、甲哌、灭锈胺、脱叶亚磷、甲磺胺磺隆、甲磺胺磺隆、氰氟虫腙、精甲霜灵、四聚乙醛、恶唑酰草胺、苯嗪草酮、甲基二硫代氨基甲酸钠、吡草胺、双醚氯吡嘧磺隆、叶菌唑、甲基苯噻隆、虫螨畏、灭草唑、呋菌胺、甲硫威、异噁唑啉、烯虫丙酯（ZR515）、甲氧丙净、甲氧滴滴涕,甲氧氯、甲基壬基甲酮、代森联 二、溴谷隆、甲氧苄氟菊酯、（E）-苯氧菌胺、磺草唑胺、甲氧隆、苯菌酮、嗪草酮、噻菌胺、甲磺隆（母酸）、3-（4-甲氧基-6-甲基-1,3,5-三嗪-2-基）-1-（2-甲氧基甲酰基苯基）磺酰脲、速灭磷、兹克威、庚酰草胺、久效磷、绿谷隆、甲基砷酸钠、灭草隆、茂果乳剂、二溴磷、萘丙胺、敌草胺、抑草生、草不隆、烯啶虫胺、甲磺乐灵、2-氯-6-三氯甲基吡啶、2,4-二氯-4′-硝基二苯醚、酞菌酯、*N*-亚硝基二甲胺、鼠特灵、草完隆、双苯氟脲、多氟脲、噻菌醇、*N*-辛基异噻唑啉酮、呋酰胺、三苯基氯化四唑、*O,O*-二甲基-S-（*N*-甲基氨基甲酰甲基）硫代磷酸酯、坪草丹、1-（4,6-二甲氧基嘧啶-2-基）-3-[2-（二甲基氨基甲酰基）苯氨基磺酰基]脲、肟醚菌胺、氨磺乐灵、解草腈、炔丙恶唑草、恶草酮、恶霜灵、环氧嘧磺隆、去稗安、恶咪唑延胡索酸盐、氧化萎锈灵、土霉素、多效唑、C_{12}～C_{20} 异链烷烃、石蜡油（C_{11}～C_{30}）、石蜡油（C_{15}～C_{30}）、丁烯酸苯酯、1-[2-（2,4-二氯苯基）戊基]-1H-1,2,4-三唑、1-（4-氯苄基）-1-环戊基-3-苯基脲、氟唑菌苯胺、五氟磺草胺、五氯苯酚、蔬草灭、甲拌磷-D_{10}、过氧乙酸、烯草胺、芬硫磷[含量＞2%]、3-[（甲氧羰基）氨基]苯基-*N*-（3-甲基苯基）氨基甲酸酯、苯醚菊酯、（4-氯-3-硝基-苯氧基）-二甲氧基硫代膦烷、磷胺、磷化氢、四氯苯酞、4-氨基-3,5,6-三氯吡啶羧酸、氟吡酰草胺、唑啉草酯、粉病灵、哌草磷、嘧啶磷、三氯杀虫酯、碳酸氢钾、碘化钾、硫氰酸钾、炔丙菊酯、甲基氟嘧磺隆、氟嘧磺隆、咪酰胺、氨基丙氟灵、环苯草酮、调环酸钙、扑灭通、毒草安、百维威、敌稗、丙虫磷、喔草酯、6-氯-*N*2,*N*4-二异丙基-1,3,5-三嗪-2,4-二胺、异丙氧磷、丙森锌、propoxycarbazone、丙苯磺隆、丙嗪嘧磺隆、戊炔草胺、丙氧喹啉、苄草丹、氟磺隆、扑菌硫、丙硫磷、发果、ECOLYST、吡蚜酮、吡唑硫磷、双唑草腈、百克敏、霸草灵单水合物（自由酸）、乙基辛海克西、唑胺菌酯、唑菌酯、磺酰草吡唑、定菌磷,吡菌磷、苄草唑、嘧啶肟草醚、哒嗪硫磷、达草止代谢产物标准品、2-[3-[2,6-二氯-4-[（3,3-二氯-2-丙烯-1-基）氧基]苯氧基]丙氧基]-5-（三氟甲基）吡啶、哒草特、啶斑肟、新喹唑啉（间二氮杂苯）、环酯草醚、（Z）-甲基嘧草醚、pyrimisulfan、pyriprole、嘧草硫醚、咯喹酮、砜吡草唑、甲氧磺草胺、氯甲喹啉酸、2-氨基-3-氯-1,4-萘醌、快诺芬、喹禾灵、精喹禾灵、糖草酯、苄呋菊酯、砜嘧磺隆、苯嘧磺草胺、海葱葡苷、另丁津、仲丁通、氟唑环菌胺、稀禾定、环草隆、硅噻菌胺、硅氟唑、2-甲硫基-4,6-二乙胺基-1,3,4-三嗪、津奥啉、S-（+）-烯虫酯、5-硝基愈创木酚钠、氯化钠、次氯酸钠、2-硝基苯酚钠、4-硝基苯酚钠、乙基多杀菌素、螺甲螨酯、	131

类别	特征污染物	个数
有机磷	螺虫乙酯、螺噁茂胺、磺草酮、甲基磺酰甲胺、氟虫胺、甲嘧磺隆、磺酰磺隆、氟啶虫胺腈、硫丙磷、氟胺氰菊酯、三氯乙酸钠、*N*-特丁基-*N*′-（4-乙基苯甲酰基）-3,5-二甲基苯酰肼、*N*-（4-叔丁基苄基）-4-氯-3-乙基-1-甲基-5-吡唑甲酰胺、tebufloquin、丁基嘧啶磷、牧草胺、特丁噻草隆、叶枯酞、七氟菊酯、环磺酮、4,4′-双（*O,O*-二甲基硫代磷酰氧基）苯硫醚、得杀草、特草定、terbuchlor、特丁通、特丁津、氟醚唑、三氯杀螨砜、四氟醚菊酯、杀螨好、甲氧噻草胺、噻苯咪唑、噻虫啉、噻氟隆、噻草定、*N*-苯基-*N*-1,2,3-噻二唑-5-脲、甲基噻烯卡巴腙、噻磺隆、噻吩黄隆、噻呋酰胺、抗虫威、杀虫环、特氨叉威、硫磷嗪、thiosultap、2-二甲氨基-1,3-丙二基-双-硫代硫酸酯单钠盐、仲草丹、甲苯氟磺胺、苯唑草酮、三甲苯草酮、四溴菊酯,溴氯氰聚酯、四氟苯菊酯、野麦畏、抑芽唑、醚苯磺隆、唑蚜威、咪唑嗪、苯磺隆（母酸）、1,2,4-三丁基三硫磷酸酯、*O,O*-二甲基-（2,2,2-三氯-1-羟基乙基）磷酸酯、*O*-乙基-*O*-2,4,5-三氯苯基乙基硫代磷酸酯、绿草定、克啉菌、灭草环、草达津、肟菌酯、1-（4,6-二甲氧基嘧啶-2-基）-3-[3-（2,2,2-三氟乙氧基）-2-吡啶磺酰]脲、三氟啶磺隆钠、杀虫脲、氟胺磺隆（酸）、氟胺磺隆、1,4-二（2,2′,2″-三氯-1-甲酰胺基乙基）哌嗪、3,4,5-三甲威、灭菌唑、三氟甲磺隆、urea sulphate、霜霉灭、蚜灭多、灭草猛、华法林、灭除威、苯酰菌胺、乙睛（甲基氰）、1,2,3-三氯丙烷、1,3-丁二烯、1,3-二硝基苯、*N*-辛基吡咯烷酮、乙二醇单丁醚、乙二醇甲醚、*N*-烯丙基-*N*-二氯乙酰间三氟甲基苯胺、4-二氯乙酰、乙醇乙氧基化物、ALPHA-六六六、解草酮、膨润土、苯甲酸苄酯、苄基氯、正丁醇、丁硫醇、硬脂酸丁酯、碳酸钙、西曲溴胺、柠檬酸、环己酮、植保乳油、二癸基二甲基氯化铵、乙醇、乙氧化（牛脂烷基）胺、*N*-亚硝基-*N*-乙基丁胺、C_{16}～C_{18} 脂肪醇聚氧乙烯聚氧丙烯醚、富马酸、甘油、二硬脂酸甘油酯、上（状）石膏、heptamaloxyloglucan、2-甲基-2,4-戊二醇、1,4-苯二酚、七水合硫酸亚铁、肉豆蔻酸异丙酯、高岭土、DL-苹果酸、甲基纤维素、*N,N*-二甲基癸酰胺、石脑油,原油、*N*-甲基吡咯烷酮、4-正壬基酚、聚丙烯酰胺、丙酸、丙二醇、碳酸钠、木质素磺酸钠、轻芳烃溶剂油、山梨醇、硫磺、甲苯二异氰酸酯（2,4-80%,2,6-20%）、三异丙醇胺、十二醇、1-萘乙酸、2,2-二溴-3-次氮基丙酰胺、2,6-二异丙基萘、2-萘氧乙酸、4-烯丙基苯甲醚、6-苄氨基嘌呤、*N*6-异戊烯基腺嘌呤、硫苯咪唑砜、四烯雌酮、印楝素、球形芽孢杆菌、芽孢杆菌、双丙氨膦、布拉叶斯、天然辣椒素、香茅油、乙酸月桂酯、（E）-7,11-二甲基-3-亚甲基-1,6,10-十二碳三烯、赤霉素、7,11-十六碳二烯-1-醇乙酸酯、3-吲哚乙酸、3-吲哚丁酸、茉莉酮、春雷霉素盐酸盐、6-糠氨基嘌呤、金龟子绿僵菌、氨茴酸甲酯、密灭汀A3、顺式-9-二十三烯、荆芥内酯、*N*- 甲基新癸酰胺、（R,Z）-5-（1-癸烯）二氢呋喃-2（3H）-酮、罗勒烯、正辛醛、胡椒碱、孟二醇、杀螨素、多氧霉素、四亚甲基二胺、鱼滕酮、西代丁、催杀、链霉素、辛酸蔗糖酯、正二十三烷、地中海实蝇性诱剂、蜡蚧轮枝菌、玉米素	131

类别	特征污染物	个数
胺类	二苯胺、西玛津、马来酰肼、敌克松、伏草隆、丁草胺、乙草胺、唑嘧菌胺、双甲脒、联苯吡菌胺、啶酰菌胺、噻虫胺、溴氰虫酰胺、嘧菌环胺、氯硝胺、二甲吩草胺-P、呋虫胺、环酰菌胺、氟啶虫酰胺、氟虫双酰胺、丙炔氟草胺、氟吡菌胺、氟吡菌酰胺、氟酰胺、氟唑菌酰胺、Guazatine、*N*--2-氧乙基]-3-甲基-2-噻吩甲酰胺、吡唑萘菌胺、双炔酰菌胺、甲氧虫酰肼、吡噻菌胺、嘧霉胺、苯嘧磺草胺、氟唑环菌胺、虫酰肼、唑虫酰胺、丙草胺、杀螟丹、盐酸吗啉胍、异丙草胺、双甲脒、乙酸胺、氨基磺酸胺、氟丁酰草胺、氟草胺、杀虫磺、苯噻菌胺、双三氟虫脲、联苯吡菌胺、溴鼠胺、溴丁酰草胺、卡草胺、环丙酰菌胺、2′-叔丁基-5-甲基-2′-（3,5-二甲基苯甲酰基）色满-6-甲酰肼、除线威、氯甲酰草胺、氰胺、氰虫酰胺、环丙酸酰胺、环氟菌胺、螨蜱胺、酯菌胺、对异丙基甲苯磺酰胺、丁酰肼、苯甲地那铵、二氯丙烯胺、氯硝胺、双氯磺草胺、避蚊胺、枯莠隆、吡氟草胺、difunon、二甲草胺、醚菌胺、敌乐胺、甲呋酰胺、氰菌胺、四唑酰草胺、双氟磺草胺、氟啶胺、氟虫酰胺、氟噻草胺、*N*-（2-氯-6-氟苄基）-*N*-乙基-2,6-二硝基-4-三氟甲基苯胺、唑嘧磺草胺、氟啶酰菌胺、氟吡菌酰胺、氟乙酰胺、磺菌胺、呋吡菌胺、拌种胺、双胍盐、氟蚁腙、1-（6-氯-3-吡啶基甲基）-*N*-硝基亚咪唑烷-2-基胺、三嗪茚草胺、三唑酰草胺、吡唑萘菌胺、异噻菌胺、*N*-[3-（1-乙基-1-甲基丙基）-1,2-唑-5-基]-2,6-二甲氧基苯酰胺、顺丁烯二酰肼、代森锰铜、苯噻草胺、氟磺酰草胺、缩节胺、灭锈胺、氰氟虫腙、恶唑酰草胺、吡草胺、呋菌胺、（E）-苯氧菌胺、磺草唑胺、噻菌胺、庚酰草胺、萘丙胺、敌草胺、烯啶虫胺、*N*-亚硝基二甲胺、草完隆、多氟脲、呋酰胺、肟醚菌胺、氟唑菌苯胺、五氟磺草胺、烯草胺、氟吡酰草胺、咪酰胺、6-氯-*N*2,*N*4-二异丙基-1,3,5-三嗪-2,4-二胺、戊炔草胺、扑菌硫、ECOLYST、pyrimisulfan、甲氧磺草胺、苯嘧磺草胺、氟唑环菌胺、硅噻菌胺、乙基多杀菌素、螺噁茂胺、甲基磺酰甲胺、氟虫胺、*N*-特丁基-*N*′-（4-乙基苯甲酰基）-3,5-二甲基苯酰肼、*N*-（4-叔丁基苄基）-4-氯-3-乙基-1-甲基-5-吡唑甲酰胺、牧草胺、甲氧噻草胺、噻氟隆、噻呋酰胺、thiosultap、甲苯氟磺胺、苯酰菌胺、*N*-烯丙基-*N*-二氯乙酰间三氟甲基苯胺、西曲溴胺、乙氧化（牛脂烷基）胺、*N*-亚硝基-*N*-乙基丁胺、*N*,*N*-二甲基癸酰胺、聚丙烯酰胺、三异丙醇胺、2,2-二溴-3-次氮基丙酰胺、*N*- 甲基新癸酰胺、四亚甲基二胺	157
酚类	邻苯基苯酚、间苯二酚、百里酚、2,4,5-三氯苯酚、溴酚肟、4-氯-3,5-二甲基苯酚、双氯酚、二甲嘧酚、地乐酚、4,6-二硝基邻甲酚、乙嘧酚、五氯苯酚、1,4-苯二酚、4-正壬基酚	14

类别	特征污染物	个数
酯类	2,4-滴丁酯、多菌灵、苯胺灵、抗蚜威、异丙威、仲丁威、好安威、甲霜灵、*O*-（甲基氨基甲酰基）-1-二甲氨基甲酰-1-甲硫基甲醛肟、*N,N*-六亚甲基硫代氨基甲酸-S-乙酯、*N*（3-氯苯基）氨基甲酸（4-氯丁炔-2-基）脂、涕灭威、苯霜灵、联苯肼酯、溴螨酯、丁氟螨酯、敌螨普、Fenpicoxamid、唑螨酯、精吡氟禾草灵、Flupyradifurone、稻瘟灵、醚菌酯、灭虫威、灭多威、烯虫酯、啶氧菌酯、唑啉草酯、霜霉威、吡唑醚菌酯、螺螨酯、螺甲螨酯、螺虫乙酯、肟菌酯、抗倒酯、克百威、残杀威、甲基硫菌灵、乙霉威、2,5-二氯苯甲酸甲酯、灭螨醌、苯并噻二唑、乙基（Z）-*N*-苄基-*N*-[（甲基（1-甲硫基亚乙基氨基-氧碳基）氨基）硫]-B 丙氨酸酯、得灭克/丁醛肟威、禾草灭、除害威、磺草灵、嘧菌酯、精苯霜灵、恶虫威、苯菌灵、*N*-苯甲酰-*N*-（3,4-二氯苯基）-DL-丙氨酸乙酯、溴苯腈庚酸酯、合杀威乳剂、乙嘧酚磺酸酯、畜虫威、氟丙嘧草酯、丁酮威、丁酮砜威、燕麦酯、对氯苯基对氯苯磺酸酯、氯酞酸二甲酯、吲哚酮草酯、炔草酯、解毒喹、3-氯-2-[（5-乙氧基-7-氟-[1,2,4]三唑并[5,1-C]嘧啶-2-基）磺酰氨基]苯甲酸甲酯、克鼠灵（克灭鼠）、4-羟基- 3-（1,2,3,4-四氢-1-萘基）香豆素、腈吡螨酯、氰氟草酯、[3-[[（苯基氨基）甲酰基]氧]苯基]氨基甲酸乙酯、野燕枯硫酸二甲酯、2-二甲基氨基甲酰基-3-甲基-5-吡唑基-*N,N*-二甲基氨基甲酸酯、2-仲丁基-4,6-二硝基苯基异丙基碳酸酯、芸香酸二壬酯、二氧威、二甲基苯基丙烯酯、抗螨唑、双氧威、除螨酯、麦草伏-*M*-异丙酯、嘧螨酯、吡氟禾草隆、异丙吡草酯、咯菌酯、氟哒嗪草酯、氟嘧菌酯、氟草烟 1-甲基庚基酯、嗪草酸甲酯、福司吡酯、呋霜灵、呋线威、*γ*-氟氯氰菌酯、2-[4-（3-氯-5-三氟甲基-2-吡啶氧基）苯氧基]丙酸甲酯、烯虫乙酯、埃卡瑞丁、双胍辛胺三乙酸酯、双胍辛胺三乙酸酯、碘苯腈辛酸酯、二氯吡啶酸酯乙酸酯、克来范、烯虫炔酯、吡咯二酸二乙酯、精甲霜灵、甲硫威、烯虫丙酯（ZR515）、兹克威、酞菌酯、丁烯酸苯酯、3-[（甲氧羰基）氨基]苯基-*N*-（3-甲基苯基）氨基甲酸酯、唑啉草酯、三氯杀虫酯、百维威、喔草酯、propoxycarbazone、唑胺菌酯、唑菌酯、精喹禾灵、糖草酯、海葱葡苷、S -（+）-烯虫酯、螺甲螨酯、螺虫乙酯、tebufloquin、噻草定、甲基噻烯卡巴腙、抗虫威、特氨叉威、肟菌酯、3,4,5-三甲威、华法林、灭除威、苯甲酸苄酯、硬脂酸丁酯、二硬脂酸甘油酯、肉豆蔻酸异丙酯、甲苯二异氰酸酯（2,4-80%,2,6-20%）、乙酸月桂酯、7,11-十六碳二烯-1-醇乙酸酯、氨茴酸甲酯、荆芥内酯、西代丁、辛酸蔗糖酯	143

类别	特征污染物	个数
有机氯	莠去津、滴滴涕、七氯、α-六六六、γ-六六六、灭蚁灵、三氯杀螨醇、4,4-滴滴滴、敌草隆、氯苯胺灵、克菌丹、啶虫脒、阿螨特、绿麦隆、百菌清、1,2,3,7,8,9-六氯二苯并呋喃、杀虫畏、燕麦敌、灭草丹、利谷隆、禾草灵、咪鲜胺、4-氯-2-甲基苯氧基乙酸、氯氨吡啶酸、C-（3,4-二氯-苯基）-c-苯基-甲基胺盐酸盐、氯虫苯甲酰胺、氯丹、矮壮素、四螨嗪、麦草畏、2,6-二氯苯甲酰胺、氟脲杀、烯酰吗啉、硫丹、异狄氏剂、乙烯利、唖菌灵、灭菌丹、吡氟氯禾灵、吡虫啉、达草呋、氧化乐果、二氯喹啉酸、喹氧灵、噻虫啉、噻虫嗪、嗪氨灵、乙烯菌核利、草除灵、哒螨灵、异噁草松、腐霉利、精喹禾灵、高效氟吡甲禾灵、5-[2-氯-4-（三氟甲基）-苯氧基]-2-硝基苯甲酸钠、草毒死/二丙烯草胺、ALPHA-硫丹、二氯氨基吡啶羧酸、敌菌灵、阿特拉津、燕麦灵、苯并呋喃硫酰氯、苯扎氯胺、苯螨特、农药播士隆/炔草隆、毒杀芬、氟酮唑草、alpha-氯醛糖、草灭畏、四氯苯醌、氯杀螨、氯溴隆、氯炔灵、开蓬、杀虫脒、(植物生长调节剂)、伐草克、敌螨特、毒虫畏、整形素、氯嘧黄隆、灭虫隆、地茂散、氯鼠酮、氯化苦、枯草隆、三丁氯苄膦、赛草青、乙菌利、氯化胆碱、氯灭鼠灵、苄草隆、草净津、抑菌灵、哒菌清、狄氏剂、得氯蹒、二氟林、恶唑隆、氟氯草定、安特灵（异狄氏剂)、1-[[（2S,3S）-3-（2-氯苯基）-2-（4-氟苯基）环氧乙烷-2-基]甲基]-1,2,4-三唑、乙虫清、解草唑、恶唑禾草灵、精恶唑禾草灵、拌种咯、杀雄嗪、麦燕灵、吡虫隆、氟消草、氟胺草唑、氟喹唑、解草安、氟草肟、氯虫酰肼、吡氟甲禾灵、六氯芬、亚胺唑、种菌唑标准品、碳氯灵（剧毒)、乳氟禾草灵、林丹（R-六六六)、酚硫杀标准品、叶菌唑、灭草唑、甲氧滴滴涕,甲氧氯、甲氧隆、绿谷隆、灭草隆、草不隆、坪草丹、炔丙恶唑草、去稗安、恶咪唑延胡索酸盐、蔬草灭、四氯苯酞、粉病灵、毒草安、敌稗、百克敏、乙基辛海克西、达草止代谢产物标准品、哒草特、啶斑肟、快诺芬、喹禾灵、另丁津、津奥啉、叶枯酞、得杀草、特草定、terbuchlor、特丁津、氟醚唑、杀螨好、噻虫啉、野麦畏、绿草定、灭草环、草达津、霜霉灭、ALPHA-六六六、苄基氯、地中海实蝇性诱剂	165
苯系物	四氯硝基苯、五氯硝基苯、偶氮苯、氟乐灵、1,3-二氯苯、3-[3-（4′-溴联苯-4-基）-1,2,3,4-四氢-1-萘基]-4-羟基香豆素、依芬普司、安美速、三氮杂苯、丁氟消草、甲磺乐灵、氨磺乐灵、氨基丙氟灵、1,3-二硝基苯	14
菊酯类	胺菊酯、顺式氰戊菊酯、甲氰菊酯、氰戊菊酯、溴氰菊酯、氟氯菊酯、三氟氯氰菊酯、氟氯苯菊酯、氯菊酯、除虫菊酯、氯氰菊酯、联苯菊酯、高效氯氰菊酯、右旋胺菊酯、氟丙菊酯、右旋反式苯醚菊酯、右旋烯丙菊酯、生物苄呋菊酯、乙氰菊酯、苯氰菊酯、苄菊酯、右旋反式炔戊菊酯、醚菊酯、氟氰戊菊酯、炔咪菊酯、高效氯氟氰菊酯、甲氧苄氟菊酯、苯醚菊酯、炔丙菊酯、苄蚨菊酯、氟胺氰菊酯、七氟菊酯、四氟醚菊酯、四溴菊酯、溴氯氰聚酯、四氟苯菊酯	35

类别	特征污染物	个数
烃类及其衍生物	溴甲烷、1,3-二氯丙烯、1-甲基环丙烯、1-氧化二苯基二氮烯、溴杀烯、2,2-双（对氯苯基）-1,1,1-三氯乙烷、二聚环戊二烯、C12-20 异链烷烃、1,2,3-三氯丙烷、1,3-丁二烯、（E）-7,11-二甲基-3-亚甲基-1,6,10-十二碳三烯、顺式-9-二十三烯、罗勒烯、正二十三烷	14
腈类	溴虫腈、乙虫腈、氟虫腈、咯菌腈、氟啶虫胺腈、辛酰溴苯腈、3,5-二溴-4-羟基苯腈、虫螨腈、杀螟腈、2,6-二氯苄腈、碘苯腈、解草腈、双唑草腈、pyriprole、氟啶虫胺腈、乙腈（甲基氰）	16
醚类	增效醚、氟磺胺草醚、喹螨醚、吡氟醚、吡丙醚、对氯苯氧乙醚、三氟酸草醚、苯草醚、甲羧除草醚、双草醚、甲氧除草醚、环庚草醚、三氟硝草醚、乙羧氟草醚、苄螨醚、2,4-二氯-4′-硝基二苯醚、嘧啶肟草醚、环酯草醚、（Z）-甲基嘧草醚、嘧草硫醚、乙二醇单丁醚、乙二醇甲醚、C_{16}～C_{18}脂肪醇聚氧乙烯聚氧丙烯醚、4-烯丙基苯甲醚	24
醇类	戊唑醇、联苯三唑醇、环唑醇、粉唑醇、三唑醇、烯唑醇、3-氯-1,2-丙二醇、环丙嘧啶醇、2-溴-2-硝基-1,3-丙醇、ALPHA-骨化醇、壳聚糖、杀螨醇、丙酯杀螨醇、维生素 D_3、反式-8-反式-10-十二碳二烯-1-醇、苄氯三唑醇、乙二肟、乙硫醇、氯苯嘧啶醇、呋嘧醇、己唑醇、噻菌醇、乙醇乙氧基化物、正丁醇、丁硫醇、乙醇、甘油、2-甲基-2,4-戊二醇、丙二醇、山梨醇、十二醇、密灭汀 A3、孟二醇	33
磺酸类	克螨特、杀虫双、乙氧呋草黄	3
杂环化合物	灭草松、敌草快、扑草净、氟硅唑、特丁净、2,4-二羟基-5-甲氧基嘧啶、苯并烯氟菌唑、氰霜唑、环丙氨嗪、苯醚甲环唑、落长灵、乙氧基喹啉、乙螨唑、腈苯唑、丁苯吗琳、氟砜灵、抑霉唑、腈菌唑、戊菌唑、丙环唑、丙硫菌唑、乙基多杀菌素标准品、刺糖菌素、噻菌灵、3-苯基-5-（噻吩-2-基）-[1,2,4]噁二唑、三氟苯嘧啶、氟菌唑、阿维菌素、三环唑、1,4-二氧六环、2-（硫氰酸甲基巯基）苯并噻唑、阿苯达唑、4-十二烷基-2,6-二甲基吗啉、莠灭净、3-氨基-1,2,4-三氮唑、氧环唑、叠氮津、氧化福美双、7-氯苯并[*d*]异噻唑、丙唑草隆、除草定、糠菌唑、苯酮唑、6-甲基-4-（二甲氨基）-2-氯嘧啶、棉隆、敌草净、地昔尼尔、恶醚唑、噻鼠灵、氟螨嗪、异戊乙净、敌草快（阳离子）、吗菌灵、十二环吗啉、乙环唑、赛唑隆,磺噻隆、代森硫、依杀螨、解草啶、3-[（2,5-二氯-4-乙氧基苯基）甲磺酰]-4,5-二氢-5,5-二甲基异噁唑、1-（3-（4-特丁基苯基）-2-甲基丙基）哌啶、顺-4-叔丁基苯基-（2-甲基丙基）-2,6-二甲基吗啉、氟螨噻、氟吗啉、三氟苯唑、flupyrsulfuron、麦穗灵、解草恶唑、赤霉素 A4+赤霉素 A7、恶霉灵、isopolinate、依维菌素、昆布多糖、甲哌、异噁唑啉、甲氧丙净、2-氯-6-三氯甲基吡啶、鼠特灵、三苯基氯化四唑、多效唑、1-[2-（2,4-二氯苯基）戊基]-1H-1,2,4-三唑、扑灭通、丙氧喹啉、磺酰草吡唑、苄草唑、2-[3-[2,6-二氯-4-[（3,3-二氯-2-丙烯-1-基）氧基]苯氧基]丙氧基]-5-（三氟甲基）吡啶、新喹唑啉（间二氮杂苯）、砜吡草唑、仲丁通、硅氟唑、2-甲硫基-4,6-二乙胺基-1,3,4-三嗪、特丁通、噻苯咪唑、杀虫环、抑芽唑、咪唑嗪、克啉菌、1,4-二（2,2′,2″-三氯-1-甲酰胺基乙基）哌嗪、灭菌唑、4-二氯乙酰、甲基纤维素、6-苄氨基嘌呤、*N*6-异戊烯基腺嘌呤、6-糠氨基嘌呤、玉米素	104

类别	特征污染物	个数
酮类	三唑酮、丁草特、噻嗪酮、烯草酮、噻草酮、恶唑菌酮、咪唑菌酮、胺苯吡菌酮、噻螨酮、异恶唑草酮、甲基磺草酮、苯菌酮、氟噻唑吡乙酮、Pyriofenone、噁霉灵、乙酸铜、井冈霉素、霜脲氰、1,2-苯并异噻唑-3-酮、胺唑草酮、唑啶草酮、麦锈灵、醌肟腙、双苯嘧草酮、苯并双环酮、吡草酮、噻草隆、氟吡草酮、丁氧环酮、萎锈灵、灭螨猛、醚黄隆、异恶草酮、草灭特、草噻喃（噻草酮）、环莠隆、二甲基硅油 1000、敌鼠、草乃敌、依普菌素、茵草敌、禾草畏、韩乐宁、氟鼠酮、氟咯草酮、氟咯草酮、呋草酮、氟担菌宁、环嗪酮、茚草酮、杀鼠酮[含量＜55%]、异噁氟草、特安灵、左旋香芹酮、环草定、苯嗪草酮、甲基苯噻隆、甲基壬基甲酮、溴谷隆、苯菌酮、嗪草酮、*N*-辛基异噻唑啉酮、恶草酮、恶霜灵、氧化萎锈灵、土霉素、环苯草酮、苄草丹、吡蚜酮、咯喹酮、稀禾定、环草隆、磺草酮、特丁噻草隆、环磺酮、仲草丹、苯唑草酮、三甲苯草酮、灭草猛、*N*-辛基吡咯烷酮、解草酮、环己酮、*N*-甲基吡咯烷酮、四烯雌酮、印楝素、天然辣椒素、茉莉酮、（R,Z）-5-（1-癸烯）二氢呋喃-2（3H）-酮、胡椒碱、多氧霉素、鱼滕酮、催杀、链霉素	93
PAHs及其衍生物	甲基萘、安妥、2,3-二氰基-1,4-二硫代蒽醌、亚硫酸氢钠甲萘醌水合物、2-氨基-3-氯-1,4-萘醌、2,6-二异丙基萘	6
脲类	丁醚脲、氟虫脲、异菌脲、虱螨脲、氟酰脲、氟苯脲、氟铃脲、氟啶脲、3-苯基-1,1-二甲基脲、氟螨脲、氯吡脲、除虫脲、*N*-4-异丙基苯基-*N′*,*N′*-二甲基脲、1-[2,5-二氯-4-（1,1,2,3,3,3-六氟丙氧基）苯基]-3-（2,6-二氟苯甲酰基）脲、3-（4-甲氧基-6-甲基-1,3,5-三嗪-2-基）-1-（2-甲氧基甲酰基苯基）磺酰脲、双苯氟脲、1-（4,6-二甲氧基嘧啶-2-基）-3-[2-（二甲基氨基甲酰基）苯氨基磺酰基]脲、1-（4-氯苄基）-1-环戊基-3-苯基脲、*N*-苯基-*N*-1,2,3-噻二唑-5-脲、1-（4,6-二甲氧基嘧啶-2-基）-3-[3-（2,2,2-三氟乙氧基）-2-吡啶磺酰]脲、杀虫脲、urea sulphate	22
酸类（有机酸）	咪草烟、环丙嘧啶酸、多果定、甲氧咪草烟、甲基咪草烟、灭草烟、咪唑乙烟酸、2,3,6-三氯苯甲酸、2,4-二氯苯氧丁酸、乙酸、二氯丙酸、环丙嘧啶酸、丁烯酯甲酸、膦基聚羧酸、炔草酸、杀雄嗪酸、2-（3-氯苯氧基）丙酸、3,6-二氯吡啶羧酸、氰氟草酸、2,2-二氯丙酸、（R）-2-（2,4-二氯苯氧基）丙酸、氟吡草腙、调呋酸（一水）、草多索、氟甲喹、氟烯草酸、9-羟基-9-芴甲酸、氯氟吡氧乙酸、乙膦酸、咪草酸、灭草喹、双苯恶唑酸、2-甲基-4-氯苯氧乙酸、2-甲基-4-氯苯氧基丁酸、2-甲基-4-氯戊氧基丙酸、高 2-甲-4-氯丙酸、抑草生、过氧乙酸、4-氨基-3,5,6-三氯吡啶羧酸、霸草灵单水合物（自由酸）、氯甲喹啉酸、柠檬酸、富马酸、DL-苹果酸、丙酸、1-萘乙酸、2-萘氧乙酸、布拉叶斯、赤霉素、3-吲哚乙酸、3-吲哚丁酸	51

类别	特征污染物	个数
磺隆类	苄嘧磺隆、烟嘧磺隆、吡嘧磺隆、噻吩磺隆、苯磺隆、酰嘧磺隆、四唑嘧磺隆、苯唑磺隆、氯磺隆、环胺磺隆、胺苯磺隆、乙氧嘧磺隆、啶嘧磺隆、氟酮磺隆钠、氟吡磺隆、氟啶嘧磺隆、甲酰胺磺隆、氯吡嘧磺隆、咪唑磺隆、碘甲磺隆、甲基碘磺隆钠盐、甲磺胺磺隆、甲磺胺磺隆、双醚氯吡嘧磺隆、甲磺隆（母酸）、环氧嘧磺隆、甲基氟嘧磺隆、氟嘧磺隆、丙苯磺隆、丙嗪嘧磺隆、氟磺隆、砜嘧磺隆、甲嘧磺隆、磺酰磺隆、噻磺隆、噻吩黄隆、醚苯磺隆、苯磺隆（母酸）、三氟啶磺隆钠、氟胺磺隆（酸）、氟胺磺隆、三氟甲磺隆	42
硫化物	硫酰氟、福美双、硫杂灵、草灭散[含量＞10%]、丙森锌	5
有机金属	三（环己基）-1,2,4-三唑-1-基）锡、三环己基氢氧化锡、苯丁锡、福美锌、杀虫单、10,10′-氧代双吩砒、硫钡合剂、叶绿素铜钠盐、醋酸铜、（杀菌剂）、敌草克钠、三苯基锡醋酸盐、三苯基氯化锡、福美铁、乙膦铝、十七氟-1-辛烷磺酸锂、代森锰、甲基二硫代氨基甲酸钠、代森联二、甲基砷酸钠、调环酸钙、5-硝基愈创木酚钠、2-硝基苯酚钠、4-硝基苯酚钠、三氯乙酸钠、2-二甲氨基-1,3-丙二基-双-硫代硫酸酯单钠盐	26
非金属单质	溴原子、硫黄	2
有机盐	甲胺基阿维菌素苯甲酸盐、8-羟基喹啉硫酸盐、吗菌灵醋酸盐、二癸基二甲基氯化铵、春雷霉素盐酸盐	5
无机金属	三乙膦酸铝、甲基-4-氨基苯磺酰基氨基甲酸酯钠盐、2,2,3,3-四氟丙酸钠、木质素磺酸钠	4
无机盐	硫酸铝铵、硫酸铝、碳酸铵、硫酸铵、硫氰酸铵、碳化钙、无水氯化钙、碱式碳酸铜、无水氯化铜、碱式氯化铜、硫酸铜、碳酸氢钾、碘化钾、硫氰酸钾、氯化钠、次氯酸钠、碳酸钙、上（状）石膏、七水合硫酸亚铁、碳酸钠	20
碱类	氢氧化铵、氢氧化钙、氢氧化铜	3
砜类	双（三氯甲基）砜、萎锈灵亚砜、三氯杀螨砜、硫苯咪唑砜	4
醛类	肉桂醛、四聚乙醛、正辛醛	3
氧化物	氧化亚铜、过氧化氢、高岭土	3
其他	C.I.直接蓝 79、苏云金杆菌、蒽油、福美胂、骨油、波尔多液、石蜡油（C_{11}～C_{30}）、石蜡油（C_{15}～C_{30}）、膨润土、植保乳油、石脑油,原油、轻芳烃溶剂油、球形芽孢杆菌、芽孢杆菌、香茅油、金龟子绿僵菌、杀螨素、蜡蚧轮枝菌	18
合计		1 160

3.9.2 农药行业特征污染物清单Ⅱ

农药行业因其庞大的产品数量，生产工艺不尽相同，图3-21为某种农药制造的工艺流程[72]。农药的制造大都是有机化合物间的反应。因此特征污染物也主要由有机物组成。

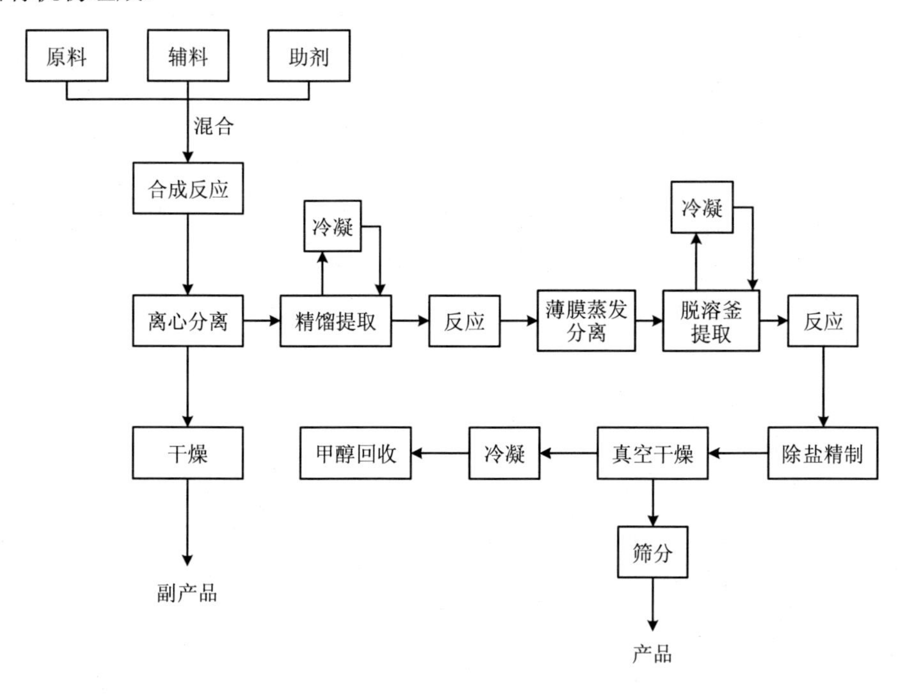

图3-21 某农药制造工艺流程

通过收集某农药制造企业的自评估资料，形成农药行业特征污染物清单Ⅱ。如表3-23所示，共72种特征污染物，包括有机氯（16种）、有机磷（13种）、酯类（11种）、杂环化合物（9种）、胺类（8种）、酮类（4种）、酚类（1种）、菊酯类（2种）、烃类及其衍生物（1种）、腈类（3种）、醇类（1种）、有机酸类（1种）、磺隆类（1种）和有机金属类（1种）。

与农药行业特征污染物清单Ⅰ相比，清单Ⅱ中污染物是清单Ⅰ中污染物的6.2%，并且少了苯系物、醚类、磺酸类、PAHs及其衍生物、脲类、硫化物、非金属单质、有机盐、无机金属、无机盐、氧化物、碱类、砜类和醛类化合物。该结果也证实了杀虫剂、除草剂、杀菌剂等农药领域的多元情况，个别农药制造企业的特征污染物只能占据整行业污染物集合很小的份额，也同样警示着人们需要投入更多的研究力量在农药行业污染物控制上。

表 3-23 农药行业特征污染物清单Ⅱ

类别	特征污染物	个数
有机磷	毒死蜱、敌敌畏、乐果、草甘膦、甲基毒死蜱、*O*,*O*-二乙基-*O*-（4-硝基苯基）硫代磷酸酯[含量＞4%]、*O*-乙基-*O*-（3-甲基-4-甲硫基）苯基-*N*-异丙氨基磷酸酯、灭克磷、甲胺磷、杀扑磷、甲拌磷、伏杀磷、敌百虫	13
胺类	二苯胺、伏草隆、丁草胺、乙草胺、唑嘧菌胺、双甲脒、噻虫胺、呋虫胺	8
酚类	间苯二酚	1
酯类	多菌灵、仲丁威、甲霜灵、*O*-（甲基氨基甲酰基）-1-二甲氨基甲酰-1-甲硫基甲醛肟、苯霜灵、溴螨酯、灭虫威、灭多威、霜霉威、抗倒酯、克百威	11
有机氯	莠去津、滴滴涕、七氯、克菌丹、啶虫脒、百菌清、1,2,3,7,8,9-六氯二苯并呋喃、*C*-（3,4-二氯-苯基）-*c*-苯基-甲基胺盐酸盐、氯丹、四螨嗪、麦草畏、硫丹、哑菌灵、灭菌丹、嗪氨灵、哒螨灵	16
菊酯类	甲氰菊酯、氯菊酯	2
烃类及其衍生物	溴甲烷	1
腈类	溴虫腈、乙虫腈、氟虫腈	3
醇类	环唑醇	1
杂环化合物	灭草松、敌草快、扑草净、苯并烯氟菌唑、氰霜唑、腈苯唑、噻菌灵、氟菌唑、三环唑	9
酮类	丁草特、噻嗪酮、噻草酮、噁霉灵	4
酸类（有机酸）	灭草烟	1
磺隆类	杀虫双	1
有机金属	杀虫单	1
合计		72

3.9.3　农药行业特征污染物清单

针对我国农药行业场地土壤污染，结合两个步骤所得出的清单Ⅰ和清单Ⅱ，如图 3-22 所示，清单Ⅱ完全被清单Ⅰ包含，清单Ⅱ有 72 个特征污染物，农药行业总体土壤特征污染物 1 160 个，数量可观、污染物类型丰富，其中以有机氯、有机磷、胺类、酯类、酮类、杂环化合物等为主。上述特征污染物存在难降解、生物蓄积、高毒等特性[73]，因此对其进行“监测+管控”是自 20 世纪农药污染情况[74]显现以来长久的规划和目标。众所周知，农药作为当今农业生产中必不可少的存在，在发挥其重要作用的同时，为生态环境带来的负面影响也同样不可忽视。为找到这把“双刃剑”的平衡点，不仅应安全合理使用农药，还应采取综合防治措施[75]。

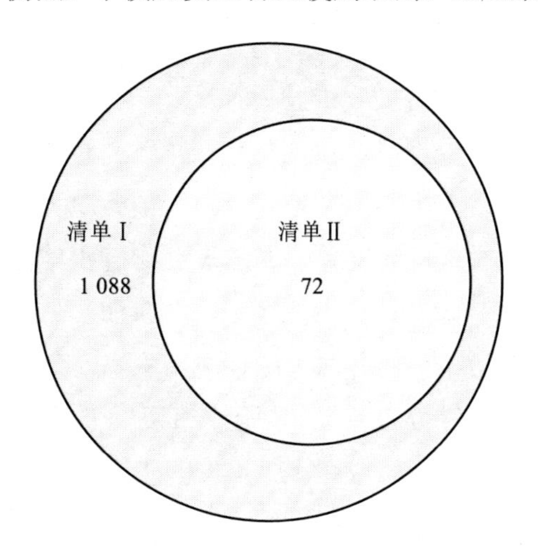

图 3-22　污染物清单Ⅰ、清单Ⅱ综合结果对比图

第 4 章　三大重点行业特征污染物分布特征及应用

4.1　石油加工行业

石油化工产业在国民经济发展中发挥着重要作用，是我国重要的支柱产业之一。石化产业发展过程中也不可避免地带来一些环境问题，土壤重金属污染受到日益关注[76,77]。土壤重金属污染具有难降解和生物毒性大的特点，可通过皮肤接触和食物摄取等多种途径进入生物体，并通过食物链和食物网在生物体内富集累积，最终危害人体健康[78]。石油化工园区中，在原油产品的加工合成、贮存和运输等环节中产生的石油污染问题，对土壤环境的生态安全带来了严峻的威胁。国内外学者在环境容量、时空分布特征和风险评价等方面进行了大量研究[79,80]。因此，开展对园区周边土壤环境质量和污染评价的研究具有十分重要的意义。

重金属污染物总量是评价土壤重金属污染的一个重要指标[81]，通过对重金属总量的研究可以获知土壤受污染的状况。土壤中重金属通过络合吸附和凝聚等作用，形成不同的化学形态，并表现出不同的活性[82,83]。重金属的生物毒性及其在生态环境中的迁移转化等主要取决于其赋存形态[84]，因而对重金属元素进行形态分析有助于表征其生物有效性以及进行准确的生态风险评价。目前，相关研究主要是针对石油场地污染土壤中重金属分布特征和影响因素的调查和分析[85,86]，对石油场地周边土壤中重金属赋存形态分布、生物有效性和来源解析方面的研究较少[87,88]。

以荆门某石化园区周边表层土壤为研究对象，对 Cr、As、Cd、Sb、Hg、Pb、Ni、Cu 和 Zn 这 9 种重金属总量和赋存形态的分布特征、生物有效性和来源进行分析，以期为该地区土壤环境污染状况做出准确合理评估，并为相关管理部门进行重金属污染控制和修复提供理论基础和决策依据。

研究区位于荆门某石化园区（图 4-1）。荆门市位于湖北省中部，汉江中下游，地理位置优越，交通十分便利。东西最大横距 155 km，南北最大纵距 131 km，区域总面积 12 339.43 km^2，位于东经 111°51′～113°29′，北纬 30°32′～31°36′。荆门市地处中纬度北亚热带季风气候带，四季分明，雨热同期，无霜期长。年平均气温为 15.6～16.3℃，年平均降水量为 804～1 067 mm。

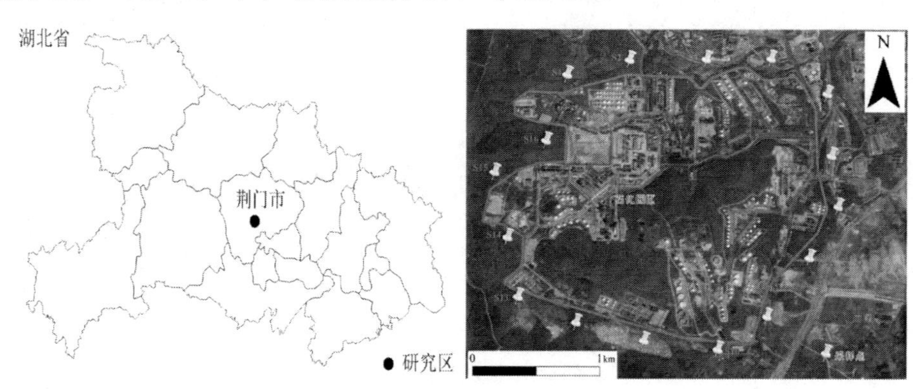

图 4-1 研究区采样点示意图

石化园区大部分为未开发的山地，地势起伏较大，受地形限制，园区呈不规则形状。园区北侧为润滑油系列装置，南侧主要集中了下游的聚丙烯装置、球罐区以及配套设施等。自备电站及水处理站等位于园区的最西端，硫黄、污水处理厂和汽车装车设施等布置在园区的东侧，原油、汽油和柴油等罐区集中布置在园区东南侧。

4.1.1 石油加工行业特征污染物的分布特征

4.1.1.1 土壤重金属总量水平分布特征

土壤重金属污染具有非均匀性，故采用最大值、最小值、平均值、标准差和变异系数等指标对研究区域土壤中 9 种重金属元素（Cr、As、Cd、Sb、Hg、Pb、Ni、Cu 和 Zn 等）进行描述性统计分析，结果见表 4-1。从表中可见，研究区内土壤中重金属的整体分布情况有所差异。土壤中 ω（Cr）、ω（As）、ω（Cd）、ω（Sb）、ω（Hg）、ω（Pb）、ω（Ni）、ω（Cu）和 ω（Zn）的平均值分别为 5.10 mg/kg、1.81 mg/kg、0.21 mg/kg、1.03 mg/kg、0.03 mg/kg、8.09 mg/kg、5.08 mg/kg、2.39 mg/kg和 22.5 mg/kg，其中，Cr、As、Hg、Pb、Ni、Cu 和 Zn 含量的最大值均小于湖北省土壤背景值[89,90]，说明石化园区的生产活动对这些重金属在周边土壤中的分布影响较小。土壤中重金属 Cd 的平均值是湖北省土壤背景值的 1.22 倍，表明园区对研究区土壤中的 Cd 存在一定程度上的影响。Sb 的平均值要低于湖北省土壤背景值，但最大值为湖北省土壤背景值的 1.35 倍，最小值和最大值之间相差达 6 倍，不同采样点间的差异可能是由于交通运输等点源人类活动影响导致的，说明研究区土壤中重金属 Sb 在一定程度上会受到石化园区生产活动的影响。重金属变异系数作为一种标准差的量纲一化表达，能较好地反映出各采样点数据的波动情况[91,92]，Cd 和 Sb 等重金属之间的变异系数差异均较小，表明研究区内土壤中重金属受外源因素影响可能具有一定的同源性。

表 4-1　研究区土壤重金属总量统计结果

重金属	ω/（mg/kg）				变异系数
	范围	平均值	标准差	湖北省土壤背景值[89]	
Cr	0.08～9.76	5.10	3.62	86.0	0.710
As	0.12～5.83	1.81	1.78	12.3	0.984
Cd	0.08～0.52	0.21	0.13	0.17	0.606
Sb	0.37～2.22	1.03	0.50	1.65	0.482
Hg	0.01～0.05	0.03	0.01	0.08	0.497
Pb	0.26～20.4	8.09	5.07	26.7	0.626
Ni	1.03～9.58	5.08	2.67	37.3	0.526
Cu	0.12～6.41	2.39	1.96	30.7	0.820
Zn	2.04～70.6	22.5	16.6	83.6	0.738

4.1.1.2 土壤重金属赋存形态分布特征

通过 BCR 法对研究区域土壤中重金属形态进行分析，结果如图 4-2 和图 4-3 所示。从图中可知，Cd 在土壤中以酸溶态和可还原态为主，平均值为 0.19 mg/kg，占 4 种形态总和的 79.86%。重金属酸溶态在一定程度上能够反映人类活动对环境的影响，且在重金属 4 种赋存形态中，酸溶态的生物有效性最高，易于迁移和转化，可被植物体直接吸收，其对生态环境的危害较大[93,94]。Sb 中的酸溶态、可还原态、可氧化态和残渣态的平均值分别为 0.03 mg/kg、0.41 mg/kg、0.13 mg/kg 和 0.70 mg/kg，残渣态占比最高（55.15%），其次为可还原态（32.49%）。但在个别点位中，如 S6、S8、S9 和 S13，重金属 Sb 的形态以可还原态为主。氧化还原条件和 pH 值等环境因素对可还原态有较大影响，当 pH 值降低或还原性增强时，可还原态容易被还原成酸溶态而增加土壤重金属二次污染的风险[93,95]。钟晓兰等[95]对表层重金属形态分布研究结果表明，土壤中 Cr 赋存形态以残渣态为主，其余各形态占总量比例依次为可氧化态、可还原态和酸溶态，这与本研究的结果较为一致。重金属 Cr 的酸溶态、可还原态、可氧化态和残渣态的平均值分别为 0.03 mg/kg、0.09 mg/kg、2.97 mg/kg 和 3.90 mg/kg，占 4 种形态总和的比例分别为 0.50%、1.24%、42.51%和 55.76%。重金属残渣态化学活性较为稳定，一般为自然地质风化作用的结果，与人类活动情况和环境变化无相关性[91,96]。土壤中残渣态 Cr 占 4 种形态总和的比例超过一半，说明研究区内土壤中 Cr 的化学活性较为稳定，对周边生态环境产生威胁的可能性较小[97]。As 在土壤中酸溶态、可还原态、可氧化态和残渣态的平均值分别为 0.37 mg/kg、0.34 mg/kg、0.10 mg/kg 和 1.41 mg/kg，占 4 种形态总和的比例分别为 16.51%、15.36%、4.31%和 63.82%。Hg 酸溶态、可还原态、可氧化态和残渣态的平均值分别为 0.008 mg/kg、0.006 mg/kg、0.015 mg/kg 和 0.003 mg/kg，占 4 种形态总和的比例分别为 24.87%、18%、48.23%和 8.90%。As 和 Hg 在少数点位中，酸溶态和可还原态所占总量比例较大。麻冰涓[98]的研究显示，Pb 在土壤中主要以可还原态存在，占总量的 61.1%，许超[99]的研究也发现，土壤中 Pb 赋存形态以可还原态为主。土壤中可还原态（铁锰氢氧化物）对铅离子有较强的吸附能力[100,101]，可能是可还原态在总量中占比高的原因，这与本研究结果略有差异。在本研究中，Pb 在土壤中以残渣态为主，其占比可达 61.43%，次之为可还原态（28.31%），这可能是由于不同地区间土壤理化性质的差异性造成的。

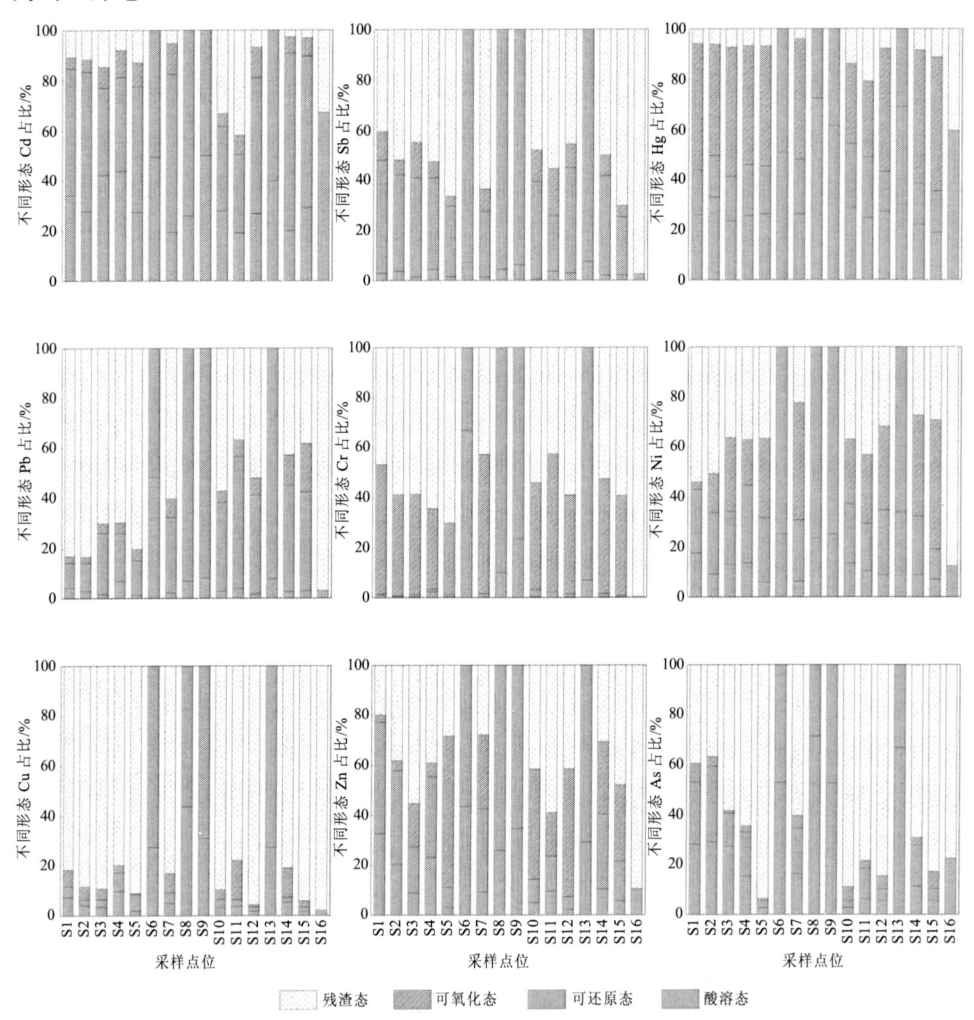

图 4-2　不同点位土壤重金属赋存形态分布特征

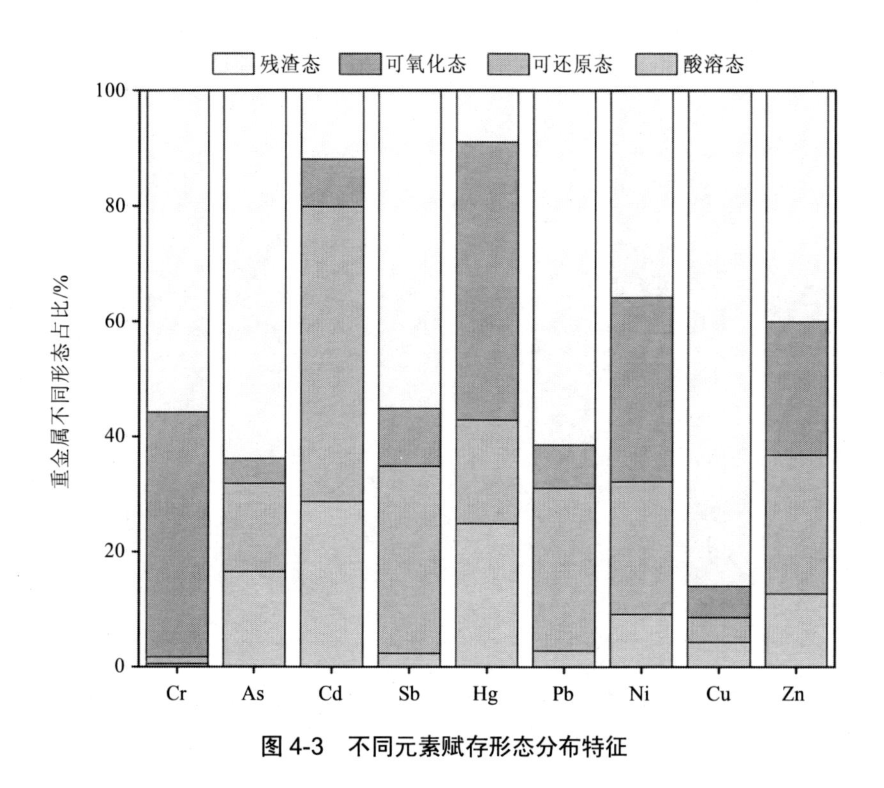

图 4-3　不同元素赋存形态分布特征

4.1.2　石油加工行业特征污染物的生态风险评价

4.1.2.1　土壤重金属生态风险评价

风险评价代码法是通过酸溶态与重金属总量之比来评价其风险水平的方法。已有研究表明[102,103]，在相同条件下，有效态含量占重金属总量比例越大，生态风险就越高。运用风险评价代码法对重金属进行风险评价，结果见图 4-4。Cr 和 Zn 的风险指数小于 1%，根据风险评价结果可认为其处于无风险状态。Sb、Pb、Ni 和 Cu 的平均风险指数分别为 2.34%、2.77%、9.15%和 4.27%，风险评价结果为低风险。Hg 和 As 的风险指数为 16.5%～24.9%，均达到中等风险水平。这说明若研究区土壤中 Hg 和 As 不断累积并产生污染，其将会达到中等风险水平。而在研究区内，土壤中 Hg 和 As 的含量值均低于环境背景值，对周边环境产生影响的可能性较小。尤其 Cd 的风险指数（28.7%）已接近高风险标准（31%～50%），需

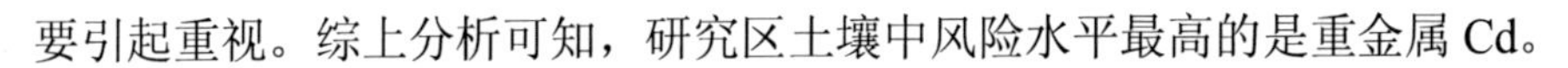

要引起重视。综上分析可知，研究区土壤中风险水平最高的是重金属 Cd。

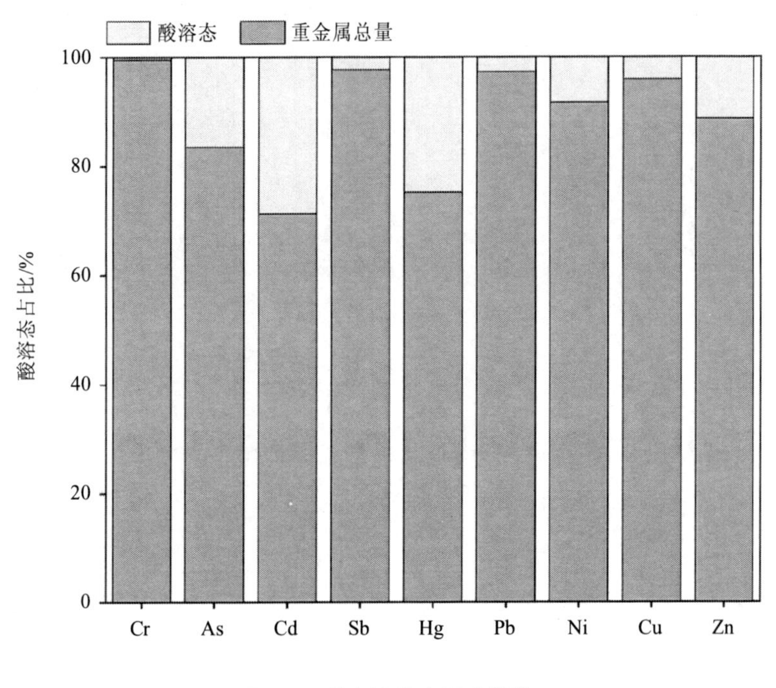

图 4-4 重金属生态风险指数

4.1.2.2 生物有效性分析

将重金属不同赋存形态的生物有效性划分为可利用态（酸溶态+可还原态与 4 种形态总和的比值）、中等利用态（可氧化态与 4 种形态总和的比值）和难利用态（难利用态与 4 种形态总和的比值）[104,105]，结果见表 4-2。从表中可知，可利用态占比最高的是重金属 Cd，其可利用态占比达 80%，远高于中等利用态和难利用态，这说明 Cd 容易进入环境对生物体产生影响。酸溶态易在土壤中迁移转化，能够被生物吸收利用进入食物链，对生态环境和人体健康具有潜在风险[106,107]。在研究区，不存在农作物或经济作物种植情况，因此，重金属 Cd 进入食物链传递的可能性较低。土壤中重金属形态的酸溶态和可还原态的质量分数与其污染程度有关，酸溶态和可还原态在重金属赋存形态中的占比会随着污染程度的加重而升高[108]。As、Sb、Pb、Cu 和 Zn 的生物有效性变化规律较为相似，均为难利用态＞可利用态＞中等利用态，难利用态（残渣态）性质较稳定，不易被生物吸收利用，对生态环境的产生的危害较低。同时发现 As、Sb、Pb 和 Zn 的生物有效性中的可利用态占比也较高（31%～45%），说明在一定情况下受外界环境影响较大，潜在生态风险较高，如在某些点位中存在 Sb 含量超过湖北省土壤环境背景值的情况。Cr 生物有效性中可利用态占比仅为 2%，难利用态占比为 56%，表明重金属 Cr 不易被生物利用，对环境的影响较为有限。Hg 的生物有效性中等利用态＞可利用态＞难利用态，中等利用态在碱性条件下可转化被生物利用[109,110]，中等利用态和可利用态占比超过 90%，说明在受污染的土壤中，Hg 的不断累积会较易发生迁移。在研究区，土壤中 Hg 的含量低于土壤环境背景值，对环境存在潜在风险的可能性较低。

表 4-2　研究区土壤重金属的生物有效性和占比①

重金属	可利用态	中等利用态	难利用态
Cr	0.02（1.7）	0.43（43）	0.56（56）
As	0.32（32）	0.04（4.3）	0.64（64）
Cd	0.80（80）	0.08（8.2）	0.12（12）
Sb	0.35（35）	0.10（10）	0.55（55）
Hg	0.43（43）	0.48（48）	0.09（8.9）
Pb	0.31（31）	0.07（7.5）	0.61（61）
Ni	0.32（32）	0.32（32）	0.36（36）
Cu	0.09（8.6）	0.05（5.5）	0.86（86）
Zn	0.37（45）	0.05（6.6）	0.40（49）

注：①括号外数值表示生物有效性，括号内数值表示对应形态的占比（%）。

4.1.3　石油加工行业特征污染物的源解析

重金属的来源较为复杂，一般可分为两个主要来源：自然源和人为源。本研究运用主成分分析和相关性分析等多元统计分析方法对研究区土壤中重金属来源进行辨析。

4.1.3.1 相关性分析

相关性分析结果如图 4-5 所示。重金属总量 Cr 与 As、Cd、Sb、Hg、Pb、Ni、Cu 和 Zn 之间存在显著正相关（$P<0.05$），其中，Cr 和 Ni 之间的相关性系数达 0.83，表明这两种元素之间可能具有相似的来源。As 和 Cu 之间相关性较强，相关性系数达 0.88，说明重金属总量 As 和 Cu 之间可能具有相似的来源。Ni 与 Cu、Zn 的重金属总量之间的相关性较弱，重金属总量 Cd 与 As、Sb、Pb 之间的相关性较弱。Pb、Sb、Zn 和 Hg 重金属总量相互之间的相关性较为显著，其中 Pb 和 Sb 之间的相关性系数较高，说明这两种重金属总量之间具有相似源的可能性较大。重金属总量 Cd 与 Hg、Ni、Cu 和 Zn 之间存在显著相关性，但相关性系数相对较低，结合前文内容，研究区土壤中 Cd 平均含量超过环境背景值，Ni 等含量均低于环境背景值，说明土壤中 Cd、Ni 等重金属来源可能受到多个因素的影响。重金属 Cd 总量与酸溶态、可还原态及可氧化态之间均存在显著正相关性（$P<0.05$），相关性系数均大于 0.7（$P<0.05$）；Cd 总量与残渣态之间相关性较弱，酸溶态与可还原态之间具有显著相关性（$P<0.05$）。

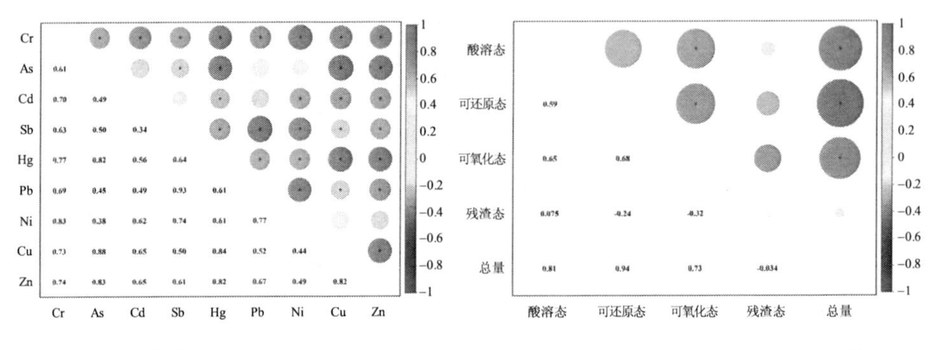

（a）不同元素总量之间相关性　　（b）元素 Cd 总量与形态之间的相关性

图 4-5 重金属相关性分析

注：*表示 $P\leqslant0.05$，圆形大小表示相关系数绝对值的大小。

4.1.3.2 主成分分析

通过主成分分析法对重金属进行了分析。本研究分析发现，KMO 值为 0.716，

Bartlett 球形检验为 0.000，符合统计学上要求的 KMO 检验值大于 0.5，Bartlett 球形检验概率小于显著性水平 0.01。由此判断原始变量存在相关关系，适合进行主成分分析。表 4-3 为特征值及主成分贡献率，本研究中使用累积方差贡献率的方法来确定主成分的数量。由表中可以看出，提取的 3 个主成分（1、2 和 3），它们的累积方差贡献率为 90.9%，说明提取的主成分涵盖了原始变量足够的信息，因此选用上述因子有效。

表 4-3　特征值及主成分贡献率

主成分	特征值	方差贡献率/%	累积方差贡献率/%
1	6.224 3	69.159 3	69.159 3
2	1.215 6	13.506 4	82.665 7
3	0.738 7	8.208 1	90.873 8
4	0.336 3	3.736 5	94.610 2
5	0.170 9	1.899 2	96.509 4
6	0.138 0	1.533 7	98.043 1
7	0.125 6	1.395 6	99.438 7
8	0.034 3	0.380 9	99.819 6
9	0.016 2	0.180 4	100.000 0

根据分析结果（图 4-6），主成分 1 上载荷较高的重金属元素有 As，说明主成分 1 主要反映了重金属 As 的信息。Bosco 等[33]在对 Gela 地区石化工业区重金属污染的研究中，将当地 As 的污染归因为石油化工厂的生产活动。但在研究区域中，As 的含量均低于环境背景值，且 As 的赋存形态中残渣态占比较大，故将主成分 1 看作自然来源。重金属 Pb 和 Sb 在主成分 2 上有较大载荷。土壤中 Pb 一般可作为交通来源有关的标识因素[111,112]，Bosco 等[108]也对石化园区土壤中 Pb 的来源归因于交通排放。由于研究区域中土壤 Pb 的含量低于环境背景值，本研究认为 Pb 主要产生于自然来源。该区内 Sb 平均含量值低于环境背景值，但存在个别点位（S11）要高于环境背景值，这可能是由于受园区生产活动的点源污染影响。园区南侧设有聚丙烯装置，在生产活动中含 Sb 和 Pb 等添加剂的使用，可能会造成重金属 Sb 等超标。因此主成分 2 主要来源于自然输入和生产活动的点源污染。因子 Cd、Cr 和 Ni 在主成分 3 上具有较大载荷。研究区重金属 Cd 含量高于环境

背景值，说明受外源因素影响较为明显。重金属 Cd 污染可能与工业“三废”的排放有关[113,114]。在研究区域，一方面可能是由于园区内原油产品的加工、合成等过程中涉及含 Cd 等重金属催化剂的使用；另一方面可能是由于该园区排放的有害气体形成酸雨沉降后与地面重金属发生作用，以及排放废水中有害金属的富集，因此 Cd 可能来源于园区工业生产活动。Ni 和 Cr 是我国土壤中受污染较少的重金属，更多的来源于成土母质[114,115]。在本研究区域内，Ni 和 Cr 含量均低于环境背景值，赋存形态中残渣态占比较高，故推断 Ni 和 Cr 来源符合自然输入。因此可将主成分 3 推测为与工业生产和自然输入有关的混合源。

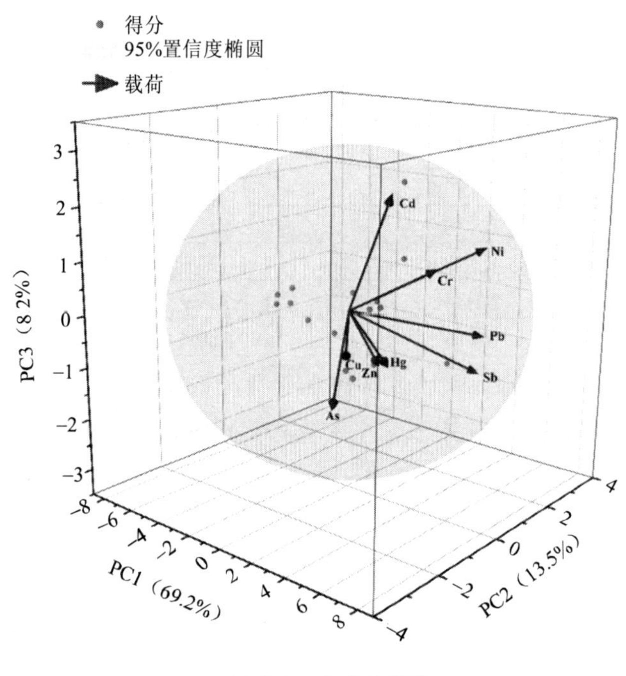

图 4-6 主成分载荷

4.2 焦化行业

焦化行业是我国重要的工业污染物排放源[116]，因其生产工艺复杂，污染物排放规模大，造成周边场地污染严重，对生态环境造成极大的威胁，成为国内外土壤污染调查及修复的重点关注对象[117]。多环芳烃（Polycyclic Aromatic Hydrocarbons，PAHs）和重金属是焦化行业最为典型的特征污染物。多环芳烃（PAHs）主要来源于煤的不完全燃烧以及焦油煤气和其他化学产品的回收和加工；重金属主要来源于选煤废水下渗、堆煤受雨水淋洗和焦化废气沉降[118]。

通过收集我国各个地区56个焦化行业生产场地（其中西北地区14个、北方地区24个、南方地区11个）的最新污染数据，试图从全国范围展开分析，反映我国焦化行业场地土壤的污染状况。运用质量基准法、毒性当量法对焦化土壤16种多环芳烃的生态风险进行了评价分析，运用地累积指数法和潜在生态风险评价法对8种重金属进行评价分析，结果表明，质量基准法计算我国各地区焦化行业土壤的M-ERM-Q值都大于1.51，为高生态风险，其中北方地区风险等级最高。根据荷兰土壤质量标准，毒性当量法表明，10种多环芳烃的总毒性当量浓度均大于荷兰标准，其土壤呈现污染状态，且北方地区 Σ_{10}TEQ 远大于荷兰标准，这与质量基准法的评估结果一致；地累积指数法得出中Cd和Hg为焦化行业主要污染物，其余元素对生态环境危害相对较小。潜在生态风险评价表明，各地区焦化行业污染较为严重，山西和河北地区焦化行业的重金属危害程度最为严重，达到重度污染水平。

4.2.1　焦化行业特征污染物的分布特征

考虑南北方重工业发展差异，刘振坤等[119]的研究指出，我国焦化行业的生产场地总体上呈现北多南少的分布情况，其中北方地区以山西省和河北省的焦化企业最多，西北地区的焦化企业主要分布于内蒙古自治区，而南方地区的焦化企业则主要分布在云南省和江苏省。本研究所收集的各地区焦化行业土壤污染数据整体分布情况与该研究比较接近，以中国四大地理区域为划分依据，即青藏地区、西北地区、北方地区和南方地区（由于青藏地区焦化厂数量极少，不予考虑），故主要分析其他三大地理区域焦化行业污染土壤的PAHs分布情况，焦化行业场地重金属污染主要以我国华北地区和黑龙江地区较为严重，故重点分析这两个地区的重金属污染状况。

4.2.1.1 数据统计

通过对参考资料进行数据整理，我国三大地理区域焦化行业污染土壤 PAHs 含量统计结果见表 4-4，北方地区焦化行业污染土壤重金属含量统计数据见表 4-5。

表 4-4 我国三大地理区域焦化行业土壤 PAHs 含量统计 单位：mg/kg

污染物	项目	西北地区	北方地区	南方地区
萘（Nap）[120-145]	Range	0.866～567.5	0.023～4 690	0.024～2 820
	AVG	15.1	48.79	22.13
	SD	145.7	60.72	76.24
	N	14	17	8
苊烯（Acy）[120-137,143-147]	Range	1.2～89.1	0.025～501	nd～122
	AVG	1.64	19.38	1.62
	SD	50.13	45.6	9.71
	N	8	18	7
二氢苊（Ace）[120-137,143-148]	Range	1.1～71.7	0.39～3 450	nd～8.4
	AVG	4.13	35.84	1.73
	SD	15. 1	15.12	5.13
	N	7	18	9
芴（Flu）[120-137,139,141-150]	Range	0.6～90.5	0.008～1 970	0.025～319
	AVG	2.6	22.47	5.3
	SD	25.16	30.96	82.11
	N	6	21	13
菲（Phe）[120-139,141-151]	Range	2.4～365.9	0.03～1 190	0.252～1 130
	AVG	3.13	66.95	6.30
	SD	20.51	118.19	80.59
	N	6	23	13
蒽（Ant）[120-151]	Range	0.4～128.1	0.01～222	nd～399
	AVG	2.71	28.72	2.4
	SD	59.21	43.71	64.2
	N	14	23	11
荧蒽（Fla）[120-151]	Range	0.7～116.9	0.04～1 242.05	0.15～776
	AVG	2.32	75.47	12.11
	SD	19.75	250.11	79.4
	N	8	23	14

污染物	项目	西北地区	北方地区	南方地区
芘（Pyr）[120-137,139-151]	Range	1.3～103.4	0.018～1 023.52	0.1～3 180
	AVG	5.3	64.64	16.8
	SD	17.92	202.04	83.2
	N	9	24	12
苯并[*a*]蒽（BaA）[120-140,143-151]	Range	13.7～178.9	0.01～492.99	0.04～1 490
	AVG	3.51	33.91	17.12
	SD	47.61	97.33	222.3
	N	14	24	11
䓛（Chry）[120-140,143-151]	Range	2.7～113.8	0.019～528.7	0.02～1 430
	AVG	5.03	43.69	32.07
	SD	24.7	113.01	234.7
	N	9	23	10
苯并[*b*]荧蒽（BbF）[120-137,139,140,143-151]	Range	3.3～91.7	0.023～452.27	0.03～1 550
	AVG	13.7	33.26	20.91
	SD	20.7	66.03	262.7
	N	14	24	11
苯并[*k*]荧蒽（BkF）[120-140,143-151]	Range	0.04～174.9	0.01～394	0.01～426
	AVG	13.12	29.73	17.11
	SD	42.7	45.01	68.4
	N	9	22	13
苯并[*a*]芘（BaP）[120-141,143,144,146-151]	Range	0.01～502.2	0.08～428.43	0.02～1 680
	AVG	15.2	33.16	18.12
	SD	78.41	84.29	242.6
	N	11	24	10
二苯并[*a,h*]蒽（DahA）[120-139,142-146,149-152]	Range	0.07～213.1	0.09～230.68	0.2～235
	AVG	12.1	15.39	16.31
	SD	30.13	24.66	55.13
	N	11	23	10
苯并[*g,h,i*]苝（BghiP）[120-139,141-144,146,147,149-152]	Range	1.7～109.6	0.08～285.06	0.01～10.44
	AVG	7.6	16.24	5.05
	SD	17.16	57.76	0.07
	N	14	23	11
茚并[1,2,3-*cd*]芘（InP）[120-138,141-144,146-152]	Range	1.5～89.6	0.01～243.05	0.01～1 050
	AVG	6.5	18.54	8.2
	SD	28.73	43.39	58.02
	N	14	24	11

注：Range 表示含量范围；AVG 表示浓度平均值；SD 表示浓度数据标准差；*N* 表示焦化厂数量。

表 4-5　我国北方地区焦化行业土壤重金属含量统计　　单位：mg/kg

元素	项目	山西	北京	河北	黑龙江
Cd[153-163]	Range	0.06～8.23	0.07～0.53	0.09～0.77	0.04～0.88
	AVG	1.22	0.08	0.57	0.07
	SD	0.09	18.5	0.32	8.7
	N	7	5	7	2
Cr[153-163]	Range	4.89～280.3	3.40～745.0	36.94～116.4	8.76～20.8
	AVG	86.82	37.1	68.65	14.78
	SD	16.92	92.77	1.24	9.4
	N	7	5	7	2
As[153-159,161-163]	Range	2～433.37	0.5～17.9	0.55～9.14	1.82～5.5
	AVG	30.43	7.12	3.01	3.66
	SD	21.11	2.79	0.08	—
	N	7	4	7	2
Hg[155,158,159,161-163]	Range	0.019～1.6	0.3～21	0.02～6.85	—
	AVG	0.11	0.06	0.3	—
	SD	0.09	7.17	0.18	—
	N	5	2	3	—
Pb[153-162]	Range	4.06～40.5	0.25～722.0	19.87～71.59	6.22～9.56
	AVG	22.34	7.1	27.79	7.89
	SD	9.95	83.14	1.16	—
	N	5	3	7	2
Cu[153-156,158-161,163]	Range	18.99～98.49	1.50～25.90	17.76～78.3	4.7～8.44
	AVG	49.92	16.1	50.3	6.57
	SD	23.66	19.41	20.26	—
	N	7	4	7	2
Zn[153-156,158-161,163]	Range	39.41～303.4	50.33～178.21	35.78～205.53	28.14～38.66
	AVG	86.58	156.6	78.14	33.4
	SD	36.43	55.89	3.61	—
	N	7	5	5	1
Ni[153-159]	Range	20.03～41.8	1.10～84.70	26.29～56.59	—
	AVG	31.12	21.81	35.99	—
	SD	0.51	16.1	0.92	—
	N	6	2	5	—

注：Range 表示含量范围；AVG 表示浓度平均值；SD 表示浓度数据标准差；*N* 表示焦化厂数量；“—”表示未进行相关项目分析。

4.2.1.2 焦化行业土壤PAHs污染特征

土壤PAHs含量及污染水平。从我国焦化行业16种PAHs土壤含量统计数据来看（表4-4），不同地区焦化行业污染土壤中PAHs总含量[ω（ΣPAHs）]为1.16～556.18 mg/kg，平均值为20.38 mg/kg。我国目前针对16种PAHs整体污染水平并没有相应的明确规定，根据Maliszewska等[164]建立的PAHs土壤含量分类标准：未污染（＜0.2 mg/kg）、轻微污染（0.2～0.6 mg/kg）、中度污染（0.6～1.0 mg/kg）、重度污染（＞1.0 mg/kg），北方地区在山西省、河北省两地达到重度污染水平，平均ω（PAHs）为35.38 mg/kg；南方地区ω（PAHs）为20.41 mg/kg，同样是重度污染水平，江苏省、重庆市部分地区为中度污染水平，ω（PAHs）为0.82 mg/kg，西北地区虽然ω（PAHs）相对较低，为5.35 mg/kg，但也超过重度污染标准。根据《土壤环境质量　建设用地土壤污染风险管控标准（试行）》（GB 36600—2018）中针对第一类建设用地土壤所列的8种PAHs筛选值，各个地区的BaP和Daa均有超标，其中北方地区BaP超标较多，最大超标倍数为60.29。总体来看，北方地区焦化厂数量多、分布广，土壤多环芳烃含量普遍超标，以山西省、河北省为主。

土壤中PAHs组成特征。如图4-7所示，焦化行业污染土壤PAHs组成中，Nap、Phe、Fla、Pyr和Chry含量占比较高，而且变化幅度也较大，Acy、Daa、Bghip和InP变化比例较低。这与文献[165]的结果比较相似。西北地区、北方地区多环芳烃组成与南方差异较大，这可能因为：①南方地区全年气温高且湿度较大，降水量也远大于其他地区，部分PAHs容易通过空气挥发或者经雨水冲刷在土壤环境中自然迁移；②张俊叶等[166]的研究发现石油储量越多的地方，土壤PAHs含量也越多，我国西北地区和北方地区储油量明显比南方地区大，故可能造成西北地区、北方地区和南方地区焦化行业污染土壤中PAHs含量较大的差异性；③目前已有众多研究表明，土壤PAHs的一个重要来源是矿物燃料（煤、石油、天然气）、木材和各类含碳化合物的燃烧，我国西北地区和北方地区石油开采与煤炭燃烧现象明显多于南方地区，这也容易造成焦化行业污染PAHs组成不同。

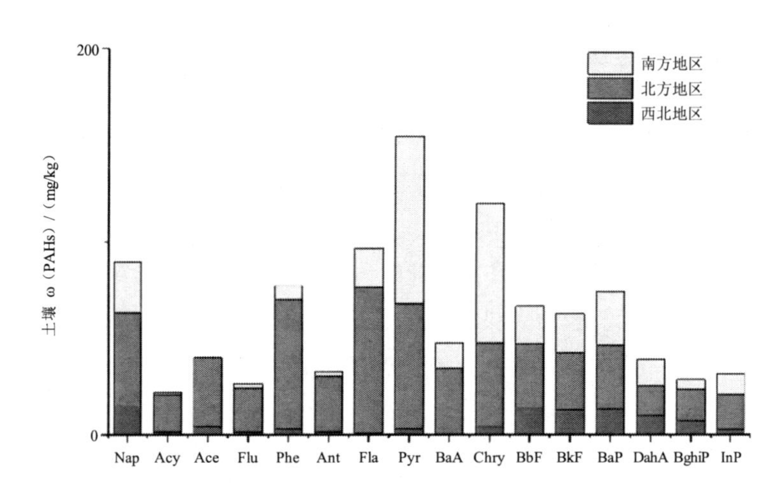

图 4-7　焦化土壤 PAHs 在不同地区组成特征

西北地区、北方地区和南方地区焦化行业污染土壤低环（2～3 环）PAHs 含量所占比例分别为 31.44%、36.34%和 11.53%，中环（4 环）PAHs 含量所占比例分别为 10.46%、39.14%和 58.79%，高环（5～6 环）PAHs 含量所占比例分别为 58.08%、26.30%和 29.67%。虽然各地区土壤中 PAHs 组分存在差异，但总体都表现出以中、高环 PAHs 为主的规律。西北地区焦化行业污染土壤低环 PAHs 含量占比为 30%左右，可能是焦化厂周边涉及城区商业区、工业区及交通道路等环境，周边交通污染及化石燃料燃烧造成一定影响。而南方地区焦化行业污染土壤低环 PAHs 含量占比为 10%左右，主要源于其焦化厂分布在郊区农田周边，受周边环境污染影响较小。此外，7 种致癌物在各地区 ω（Σ_7PAHs）分别为 46.96 mg/kg、207.68 mg/kg 和 176.94 mg/kg，分别占 PAHs 总量的 54.85%、37.34%和 54.17%，严重威胁生态环境和人体健康。

对于《土壤环境质量　建设用地土壤污染风险管控标准（试行）》（GB 36600—2018）规定的 8 种 PAHs，三大地理区域焦化土壤含量远高于标准值。与国内其他相关区域土壤中 PAHs 含量相比，焦化行业污染土壤 PAHs 质量含量整体偏高，属于重污染水平。且焦化行业污染环境风险主要是由 BaP 和 BbF 等高环 PAHs 带来的致癌性。

总体而言，我国各地区焦化厂的基本生产工艺环节主要分为备煤、炼焦、化产、净化回收等。以本研究所有焦化行业污染土壤 PAHs 含量数据及其相应厂区背景为基础，总体得出，焦化行业污染土壤 PAHs 污染在化产车间最为严重，炼焦车间次之，堆煤车间最轻。其中，在化产车间应该重点监管冷鼓、脱硫、蒸氨和脱苯 4 个工段，该区域各种化学原料繁多且反应复杂，伴有无组织、无规则的烟气排放；同时存在各类油液和原料渗漏的现象；再有大量焦油、沥青的溢出和各类废渣的填埋。该结论与周若凡等[118]的研究结果相符。因此，各焦化厂生产中应重点监管化产车间的生产过程，尽量减少直接排放，改善工艺技术；同时妥善处理备煤车间的原煤堆放，减少废渣的直接填埋。

4.2.1.3　焦化行业土壤重金属污染特征

土壤重金属平均含量分布。从北方地区焦化行业 8 种重金属土壤含量统计数据来看（表 4-5），重金属含量最高的行政区分别为：ω（Cd）1.22 mg/kg（山西省）、ω（Cr）86.82 mg/kg（山西省）、ω（As）30.43 mg/kg（山西省）、ω（Hg）0.3 mg/kg（河北省）、ω（Pb）27.79 mg/kg（河北省）、ω（Cu）50.3 mg/kg（河北省）、ω（Zn）156.6 mg/kg（北京市）和 ω（Ni）35.99 mg/kg（河北省）。其中山西、河北两地焦化行业污染土壤重金属平均含量总体较高。

以文献[90]为标准值，计算各地区焦化土壤 Cd、Cr、As、Hg、Pb、Cu、Zn 和 Ni 的平均含量超出土壤背景值的比例（平均倍数）分别为 3.68 倍、0.86 倍、0.98 倍、5.53 倍、0.62 倍、1.46 倍、1.19 倍和 1.10 倍；焦化土壤平均含量超出标准值最多的行政区分别为山西省（Hg，10.92 倍）和河北省（Cd，5.87 倍）。其中土壤 Pb 的超标率最低，平均超标倍数也都低于其他几种重金属；多数焦化行业污染土壤 Cd 和 Hg 远高于标准值，表明焦化土壤这两种元素存在明显富集。

土壤重金属空间分布。根据对北方地区焦化行业污染土壤重金属平均含量统计（图 4-8），结果显示，山西省和河北省均有较大范围的 Cu 高值区，Cu 在华北各个地区均有超标，表明焦化行业污染土壤明显存在 Cu 的污染源；As 和 Pb 在各个地区的含量均较低且分布较为平均，As 在山西省焦化地区略有超标，Pb 在河北省焦化地区略有超标，超标倍数均在 3 倍以下；北京市焦化地区 Cu 和 Zn 元素略有超标。山西省除 Pb 元素外，其余元素都超标，超标最多的元素分别为 Hg 和 Cd；河北省焦化地区除 As 元素外，其余各元素都出现较高值，都有超标且分布较为平均。

总体来看，我国北方地区焦化行业污染土壤重金属污染特征表现为：Cd 在北方多数焦化地区有超标且超标情况比较严重，应当加以管控；As 仅在山西省焦化地区有所超标，对整体环境影响较小；Pb 在河北有所超标，其他地区都为正常，相对污染同样较轻。Cr、Hg、Cu、Zn、Ni 在山西、河北地区普遍存在污染，分布范围广泛且含量较为平均。

从生产及工艺流程分析，总体而言，北方地区各个焦化行业污染土壤重金属污染主要集中在备煤车间和化产车间。这主要因为：①在备煤车间，储存的原煤受到雨水冲刷；煤焦在筛选、运输和装卸过程中产生的颗粒沉降；选煤过程中产生的污水下渗；②在化产车间，焦炉内煤气燃烧及煤的高温干馏产生的废气在沉降作用下同样造成土壤污染。因此，要严格规范焦化厂内备煤车间的原煤堆放，减少化产车间的污染排放，从而控制焦化行业土壤重金属的污染。

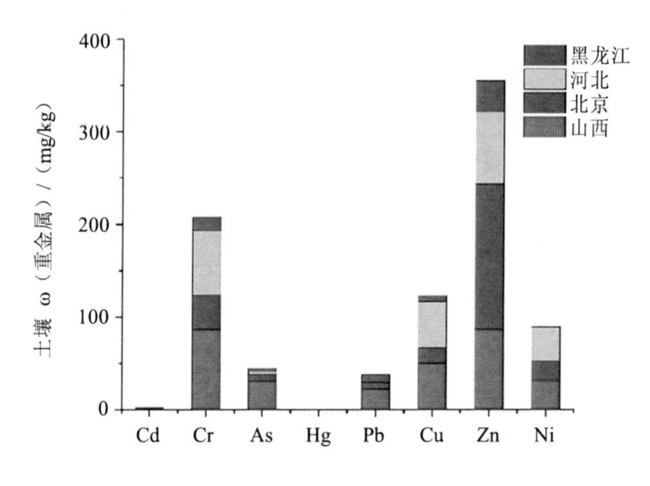

图 4-8 焦化土壤重金属在不同地区组成特征

4.2.2 焦化行业特征污染物的生态风险评价

本研究对土壤中多环芳烃进行风险评价，采用质量基准法和毒性当量法[167,168]；对重金属污染进行风险评价，采用地积累指数法和潜在生态风险评价法[169,170]。综合考虑焦化行业分布、土地利用类型等因素，从全国范围尺度对土壤污染状况比较分析，选择《土壤环境质量 建设用地土壤污染风险管控标准（试行）》（GB 36600—2018）和文献[90]中第一类用地的筛选值为参比标准。

4.2.2.1　焦化行业土壤多环芳烃风险评价

根据质量基准法，计算土壤 M-ERM-Q 的值，结果见表 4-6，各个焦化地区土壤的 M-ERM-Q 值都大于 1.51，代表高生态风险；北方地区土壤的 M-ERM-Q 高达 26.67，远远大于 1.51，为高生态风险。

表 4-6　焦化行业土壤 M-ERM-Q 评价结果

项目	西北地区	北方地区	南方地区
M-ERM-Q	7.31	26.67	13.76
污染程度	高生态风险	高生态风险	高生态风险

由于我国目前没有统一评价土壤 PAHs 的环境质量标准，故本研究选取荷兰土壤质量标准限值为评价依据[167,171]，结果如表 4-7 所示，各个地区焦化行业土壤 PAHs 均超过荷兰标准值规定的 10 种 PAHs 毒性当量限值（0.033 mg/kg），说明焦化地区土壤已受到 PAHs 的污染，存在生态风险。各地区单体 BaP 的平均毒性当量分别为 14.1 mg/kg（西北）、33.16 mg/kg（北方）和 5.83 mg/kg（南方），远远高于荷兰土壤质量标准；致癌性较强的单体 BkF，其平均毒性当量在西北地区、北方地区和南方地区分别为 1.31 mg/kg、2.97 mg/kg 和 2.23 mg/kg，相比荷兰土壤质量标准较高；单体 BaA 的毒性当量为 0.058～3.39 mg/kg，相对于荷兰土壤质量标准同样较高，其不利影响值得关注；致癌风险较小的单体 BghiP 毒性当量为 0.04～0.16 mg/kg，略高于荷兰土壤质量标准；而单体 Nap、Phe 和 Ant 的平均毒性当量分别为仅在北方和南方部分地区有所超标。

表 4-7 多环芳烃的毒性当量浓度及标准

PAHs	环数	荷兰土壤标准/（mg/kg）	TEQ_{Baq} 毒性当量/（mg/kg）					
			西北地区		北方地区		南方地区	
			Range	AVG	Range	AVG	Range	AVG
萘（Nap）	2	0.015	0.86×10^{-3}～0.61	0.016	0.23×10^{-4}～4.8	0.052	0.24×10^{-4}～2.91	0.029
苊烯（Acy）	3	—	0.46×10^{-2}～0.089	0.001	0.25×10^{-4}～0.53	0.018	nd～0.12	0.001
苊（Ace）	3	—	0.003～0.69×10^{-5}	0.004	0.39×10^{-3}～3.47	0.015	nd～0.26×10^{-4}	0.2×10^{-4}
芴（Flu）	3	—	0.007～0.091	0.001	0.8×10^{-5}～1.97	0.022	0.25×10^{-4}～0.32	0.002
菲（Phe）	3	0.05	0.025～0.39	0.003	0.3×10^{-4}～1.19	0.067	0.25×10^{-3}～1.193	0.007
蒽（Ant）	3	0.05	0.009～1.34	0.018	0.1×10^{-3}～2.2	0.28	nd～3.9	0.024
荧蒽（Fla）	4	0.015	0.011～0.116	0.001	0.4×10^{-4}～1.24	0.075	0.15×10^{-3}～0.77	0.02
芘（Pyr）	4	—	0.009～0.103	0.003	0.18×10^{-4}～1.023	0.065	0.1×10^{-3}～3.18	0.087
苯并[*a*]蒽（BaA）	4	0.02	0.037～17.9	0.058	0.001～49.2	3.39	0.004～149	1.302
䓛（Chry）	4	0.02	0.02～1.13	0.04	0.19×10^{-3}～5.28	0.44	0.2×10^{-3}～14.3	0.72
苯并[*b*]荧蒽（BbF）	5	0.025	1.3～9.17	1.37	0.23×10^{-2}～45.2	3.32	0.003～155	1.98
苯并[*k*]荧蒽（BkF）	5	0.025	1.12～17.49	1.31	0.001～39.4	2.97	0.001～42.6	2.23
苯并[*a*]芘（BaP）	5	—	0.01～502.2	14..1	0.08～428.43	33.16	0.02～1 680	5.83
二苯并[*a,h*]蒽（DahA）	5	—	0.07～213.1	10.1	0.09～230.68	15.39	0.2～235	13.31
苯并[*g,h,i*]苝（BghiP）	6	0.02	0.18～1.09	0.04	0.8×10^{-3}～2.85	0.16	0.1×10^{-3}～0.11	0.06
茚并[1,2,3-*cd*]芘（InP）	6	0.025	1.51～9.04	0.27	0.001～24.3	1.85	0.001～101	1.08
$\Sigma_{10}TEQ_{Baq}$	—	0.033	—	3.24	—	12.601	—	7.189
$\Sigma_{16}TEQ_{Baq}$	—	—	—	26.42	—	61.272	—	23.399

注：Range 表示浓度范围；AVG 表示浓度平均值；“—”表示未进行相关项目分析。

因此，各地区焦化行业的 Σ_{10}TEQ 均大于荷兰标准，土壤呈现污染状态，且北方地区 Σ_{10}TEQ 远大于荷兰标准，超标倍数达 380 多倍，焦化行业土壤多环芳烃呈现严重污染，应当引起相关部门重视，这也与质量基准法的评价结果一致。

4.2.2.2　焦化行业土壤重金属风险评价

以文献[90]为标准，各地区焦化土壤 8 种重金属的地累积指数如图 4-9 所示，Cd 在整体上呈现较大范围污染，其中以河北、黑龙江两地较严重，为中度污染，山西地区为轻度污染；Hg 和 Cu 呈现中等范围污染，Hg 在山西地区为中—重度污染，在河北为中度污染，Cu 仅在山西和河北呈现轻度污染；As 和 Zn 在各地区整体污染程度较小，As 只在山西呈现轻度污染，Zn 仅在北京呈现轻度污染；Cr、Pb、Ni 在各地区焦化行业整体影响程度最小，这 3 种元素在各个地区焦化行业的平均含量均呈现无污染状态。整体而言，焦化行业重金属以 Cd 和 Hg 为主。

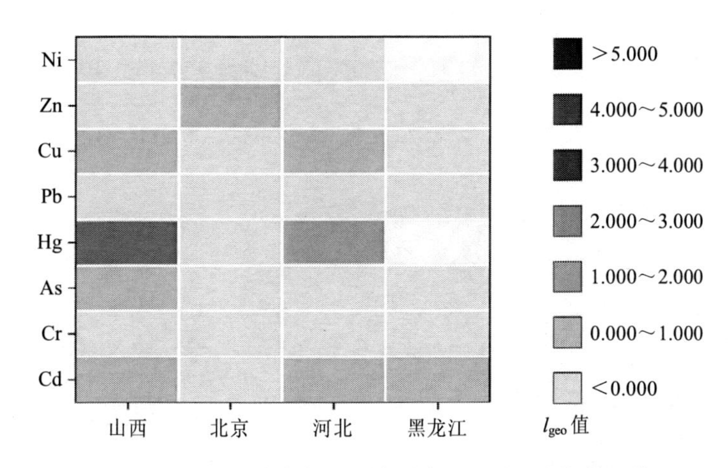

图 4-9　北方地区焦化行业土壤重金属的地积累指数评价

重金属单一元素和多种元素的潜在生态风险程度计算结果见表 4-8。结果表明，焦化行业土壤中 Cd 具有很强的潜在生态风险，在河北及黑龙江焦化行业危害程度可达到强烈水平，Hg 同样具有相当的潜在生态风险，在河北焦化地区 E_r^i 达到 184.62，对环境有强烈的危害程度。二者生态风险因子 E_r^i 加和可占生态风险评价指数 RI 的 91%，其余重金属的潜在生态危害程度均为轻微。As 作为第三危害物，具有轻微的潜在生态风险，其生态风险因子 E_r^i 仅占除 Cd、Hg 外剩余污染物 E_r^i 总和的 33.6%，因此，可基本确定 Cd 和 Hg 为焦化行业土壤重金属中的主要污染物。

表 4-8 各元素潜在生态风险评价的风险因子

地区	E_r^i								RI
	Cd	Cr	As	Hg	Pb	Cu	Zn	Ni	
山西	68.04	2.97	27.16	67.69	4.29	11.04	1.16	5.78	188.17
北京	618.56	3.11	16.70	—	9.06	5.73	2.11	9.35	664.61
河北	49.48	2.25	2.69	184.62	5.34	11.13	1.05	6.69	263.25
黑龙江	219.59	0.48	3.27	—	1.52	1.45	0.45	—	226.76

用 ArcGIS10.2 绘制华北地区及黑龙江地区重金属元素的 RI 等级化分布，如图 4-10 所示。由图可以看出，北方地区潜在生态风险评价指数整体比较大，山西省、河北省焦化行业潜在生态风险等级（RI 值分别为 557.4 和 390.05）属于重度，北京整体环境较好（RI 值仅为 78.63）。

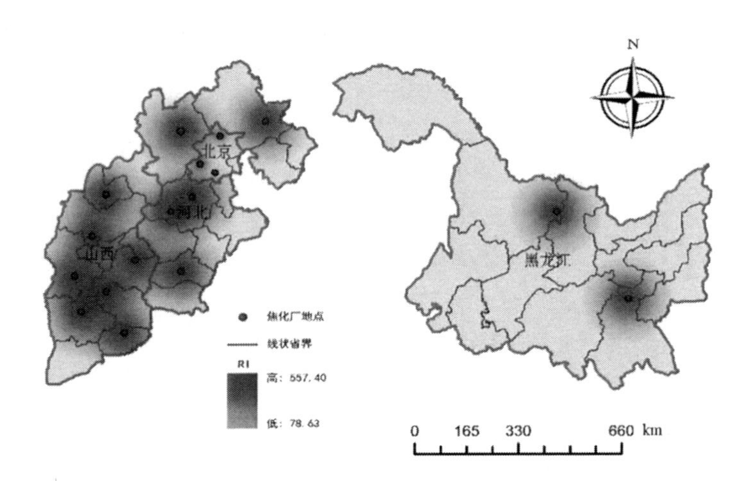

图 4-10 北方地区焦化行业土壤重金属的潜在生态风险指数

4.3　金属冶炼行业

研究区域（图4-11）位于广东省某金属冶炼厂，该冶炼厂投入生产有60余年，采用ISP工艺，是国内最早一批具有先进技术冶炼铅锌金属的大型冶炼厂，被誉为我国第三大铅锌冶炼厂。发展到现在，已成为南方重要的铅锌冶炼生产和出口基地，可作为典型冶炼行业的代表企业之一。

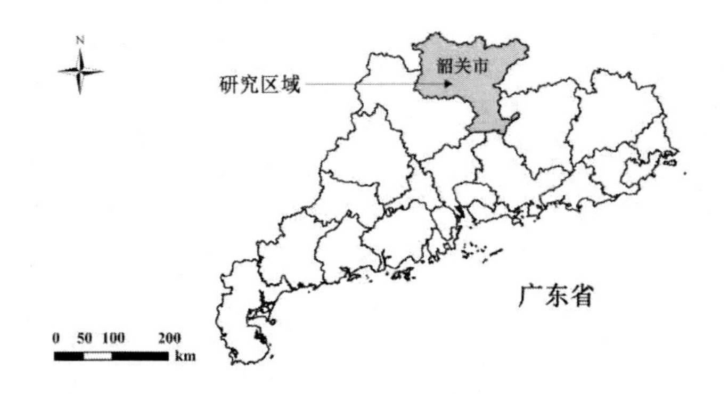

图4-11　研究区域地理位置和采样点的空间分布示意图

结合韶关某冶炼厂的地貌特征、水文特征、工艺环节和周边环境等因素，采样点位的布设选择可能污染较重的若干地块，如生产车间、污水管线、原料和废弃物堆放处等在厂区内若干地块，共设置13个采样点。样品运送至实验室内，参照《土壤和沉积物　12种金属元素的测定　王水提取-电感耦合等离子体质谱法》

（HJ 803—2016），《土壤 8 种有效态元素的测定 二乙烯三胺五乙酸浸提-电感耦合等离子体发射光谱法》（HJ 804—2016）等方法，对冶炼厂区内土壤中的 Cd、Pb、Hg、Sb、As、Zn、Cu、Cr 和 Ni 等 9 种重金属元素的总量和有效态含量进行了测定。考虑到该研究区位于铅锌冶炼厂内，研究区土壤均属于工业用地类别，因此选择《土壤环境质量 建设用地土壤污染风险管控标准（试行）》（GB 36600—2018）中第二类用地的筛选值为评价标准。而对于该标准中没有的铬和锌元素，则选择《场地土壤环境风险评价筛选值》（DB 11/T 811—2011）中工业用地筛选值。重金属污染风险评价方法采用单因子污染指数法、富集因子法和潜在生态危害指数法，重金属来源分析方法采用相关性分析法和主成分分析法。

结果表明，Cd 和 As 的单因子指数分别为 1.50 和 2.13，分别属于轻微污染和轻度污染；Pb 的单因子指数为 5.58，属于重度污染。As、Hg 和 Zn 的富集因子分别为 3.73、10.4 和 22.4，分别属于中度污染、重度污染和严重污染；Cd、Pb 的富集因子超过 40，属于极重污染，受人为污染程度明显。Pb 和 Cd 的有效态含量占总量的质量分数较高，分别为 0.57%～46.0%和 0.87%～69.2%。其次为 Zn 和 Cu，而 Hg、Sb、Ni、As 和 Cr 的有效态质量分数均在 5%以下。研究区重金属潜在生态风险指数的空间分布由西向东整体呈由低到高再降低的变化趋势，其中北部点位的指数显著高于其他点位，可能存在局部泄漏。Hg 和 Sb 的空间分布与其他元素不同，呈现中部区域较高、东西部区域较低的特点。相关性和主成分分析结果表明，Cu、Zn、As、Cd 和 Pb 元素之间的相关性显著，主要来源为工业生产活动的输入；Hg 和 Sb 元素之间具有显著的正相关性，但与其他元素无相关性；Ni 的主要来源更符合自然输入的规律。

4.3.1 金属冶炼行业特征污染物的含量分布特征

从表 4-9 中可以看出，研究场地内土壤中重金属的整体分布情况各不相同，Cr、Ni 和 Sb 元素的最小值与最大值相差小于 10 倍，Cu 和 As 相差 10～60 倍，Zn 和 Cd 相差 100～300 倍，Pb 和 Hg 相差大于 1 000 倍。除 Cr、Ni 和 Sb 外，Cu、Zn、As、Cd、Pb 和 Hg 的变异系数较大，均超过了 100%。各元素的单因子污染指数为 0.01～5.58，Cr、Ni、Cu、Zn、Sb 和 Hg 的单因子指数小于 0.5，评价结果为无污染；Cd 和 As 的单因子指数分别为 1.50 和 2.13，评价结果分别为轻微污染和轻度污染，存在个别点位中度至重度污染；Pb 的单因子指数超过 5，属于重度污染。对于各元素单因子指数的最大值，Cr、Ni、Cu、Sb 和 Hg 的单因子指数最大值均小于 1，评价结果仍为无污染；Zn 的单因子指数最大值为 3.67，属于中度污染；As、Cd 和 Pb 单因子指数最大值则均超过 5，属于重度污染。Cr 的富集因子小于 1，属于无污染；Cu 和 As 的富集因子为 2.94 和 3.73，属于中度污染；Hg 和 Zn 的富集因子为 10.4 和 22.4，属于重度污染和严重污染，受人类活动影响较为明显；Cd 和 Pb 的富集因子均超过 40，处于极重污染的水平，人为污染程度十分显著。对于各元素富集因子的最大值，Cr 的富集因子为 1.09，属于轻微污染；As、Cu 和 Hg 的富集因子分别为 14.4、17.1 和 23.7，属于重度污染；Cd、Pb 和 Zn 的富集因子均超过 40，属于极重污染。

表 4-9　土壤重金属总量统计特征与污染评价

重金属指标	最小值/（mg/kg）	中位值/（mg/kg）	最大值/（mg/kg）	算术平均值/（mg/kg）	变异系数/%	第二类用地筛选值①/（mg/kg）	单因子污染指数	污染评价	富集因子	污染评价
Cr	78.2	97.0	239	110	40.8	2 500*	0.04	无污染	0.76	无污染
Ni	17.1	43.9	65.7	43.5	29.7	900	0.05	无污染	—	—
Cu	25.2	53.1	1.30×10^3	148	233	18 000	0.01	无污染	2.94	中度污染
Zn	299	975	3.67×10^4	3.84×10^3	259	10 000*	0.38	无污染	22.4	严重污染
As	41.7	66.8	741	128	146	60	2.13	轻度污染	3.73	中度污染
Cd	3.25	18.6	953	97.4	265	65	1.50	轻微污染	186	极重污染
Pb	33.8	538	5.17×10^4	4.46×10^3	318	800	5.58	重度污染	41.2	极重污染
Sb	3.92	11.1	36.4	14.8	70.6	180	0.08	无污染	—	—
Hg	0.007	1.35	13.0	3.78	130	38	0.10	无污染	10.4	重度污染

注：①*表示《场地土壤环境风险评价筛选值》（DB 11/T 811—2011）的工业用地筛选值。

有效态元素含量占元素总量的质量分数统计结果如图 4-12 所示，从图中可以看出，Pb 和 Cd 的有效态含量质量分数较高，平均质量分数分别为 21.3%和 22.0%。Pb 的有效态含量质量分数为 0.57%～46.0%，Cd 的有效态质量分数为 0.87%～

69.2%。其次为 Zn 和 Cu，有效态质量分数分别为 0.13%～37.9%和 0.41%～11.7%。Hg、Sb、Ni、As 和 Cr 的有效态质量分数均在 5%以下，其中 Hg 为 0.002%～4.36%，Sb 为 0.02%～1.34%，Ni 为 0.02%～0.63%，As 为 0.03%～0.10%，Cr 的有效态比例低于 0.02%。陆泗进等[172]对冶炼厂周边农田土壤的研究结果为 Pb、Cd、Zn、Cu 和 Hg 的可提取态质量分数分别为 5.4%、33.1%、14.1%、13.1%和 0.6%；牛学奎等[173]对典型铅冶炼鼓风炉周边土壤的研究结果为可交换态 Cd 的质量分数为 37.3%～44.9%；Fan 等[174]的研究结果表明，冶炼厂周边的土壤 Pb、Zn 和 Cd 的非残留态比例较高，而 Cr 和 Cu 的残留态比例较高。对比可知，冶炼厂及其周边土壤的 Cd 有效态比例普遍较高，且该研究区土壤的 Pb 的有效态含量质量分数较高，可能与该铅锌冶炼厂从事生产活动相关。

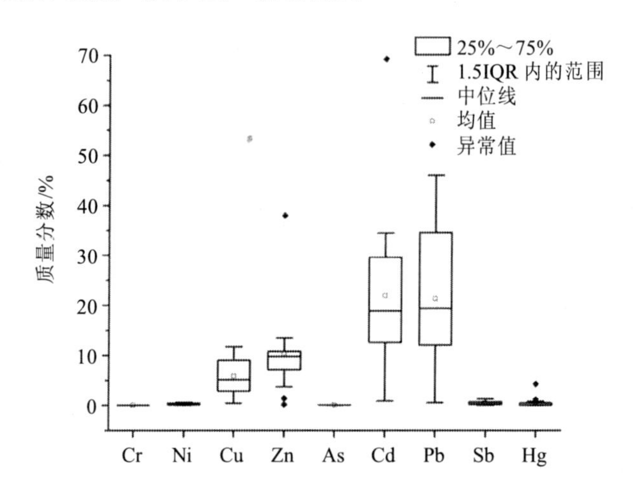

图 4-12　有效态元素含量占元素总量的质量分数统计

4.3.2　金属冶炼行业特征污染物的生态风险评价

由于各重金属元素的潜在生态风险指数差异较大，采用不同的分级标准并依据大小依次进行排列，以直观地体现各元素在空间分布的情况。由图 4-13 可以看出，研究区域重金属潜在生态风险指数的空间分布由西向东整体呈由低到高再降低的变化趋势，其中北部红色区域点位的指数显著高于其他点位。

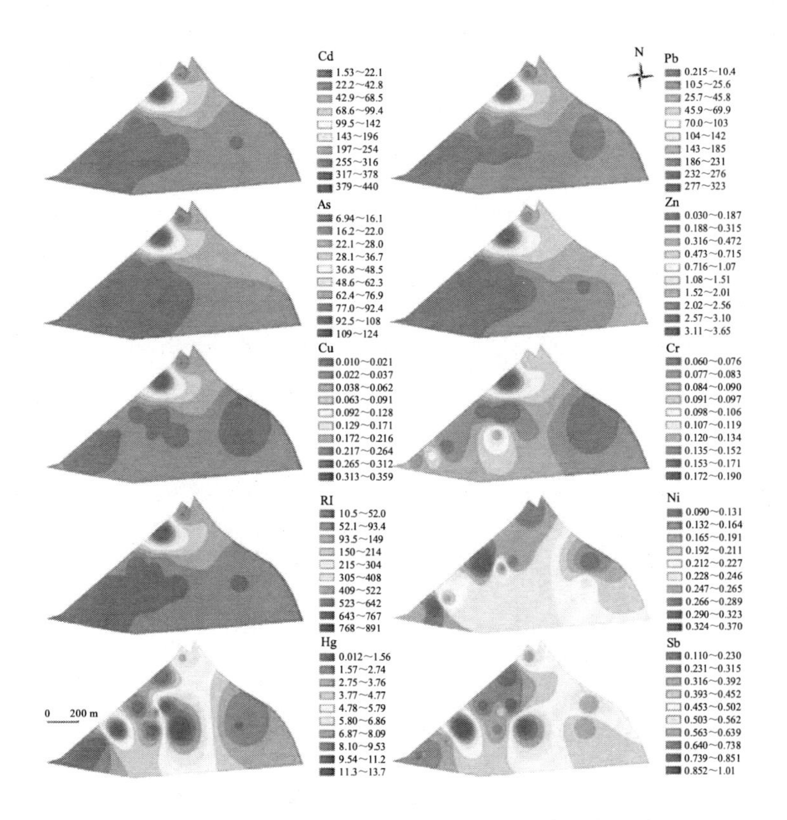

图 4-13　研究区域重金属潜在生态风险指数空间分布

单一元素的潜在生态风险指数超过 40 的重金属为 Cd、Pb 和 As，且空间分布范围集中在北部红色区域点位附近。其中，Cd 的最高潜在生态风险等级为极强，Pb 和 As 分别为很强和较强。Hg、Zn、Sb、Ni、Cu 和 Cr 的潜在生态风险等级均为轻微，但 Hg 和 Sb 的空间分布与其他元素不同，呈现中部区域较高和东西部区域较低的特点。其中，Hg 的潜在生态风险指数超过 10 的点位有 3 个，其等级虽均为轻微，但其附近存在 Hg 泄漏的风险隐患。Ni 的空间分布无明显特征，且 Ni 的变异系数仅为 29.7%，其空间分布规律更符合成土母质或地质背景的分布，非人为因素影响。综合潜在生态风险评价指数（RI）的空间分布规律与 Cd 等元素的分布基本一致，其空间分布集中在北部红色区域点位附近，其最高点超过 600，该点位的潜在生态风险等级为很强。

多数重金属的空间分布集中在北部点位，且该点位距离原料准备工艺区较近，附近原料储存堆放量较大，可能是该点位附近在装卸、运输、配料、造粒和干燥等工艺过程中存在原料和废渣的泄漏[175,176]。废渣和废水中的重金属通过直接排放、雨水冲刷和土壤下渗等方式进入土壤环境，造成局部的重金属含量过高，潜在生态风险等级相对较强。

4.3.3 金属冶炼行业特征污染物的源解析

由于土壤重金属元素在来源与迁移转化过程中通常具有一定的联系，利用相关性分析可较为直观地体现各元素之间的相关密切程度。由图 4-14 可知，研究区域内 Cr、Cu、Zn、As、Cd 和 Pb 的重金属总量在 0.05 水平上相互之间具有显著的正相关性，且相关系数均大于 0.8；Sb 的重金属总量在 0.05 水平上与 Hg 具有显著的正相关性；Ni 的重金属总量与其他元素的相关性较弱或无相关性。Cd 的有效态含量在 0.05 水平上与 Cr、Ni、Cu、Zn 和 As 具有显著的正相关性，且相关系数均大于 0.6；As 的有效态含量在 0.05 水平上与 Cr、Ni、Cu 和 Zn 具有显著正相关性；Cu 的有效态含量在 0.05 水平上与 Cr、Ni 和 Zn 具有显著正相关性；Sb 的有效态含量在 0.05 水平上与 Hg 具有显著的正相关性；Pb 的有效态含量在 0.05 水平上与 Zn 具有显著的正相关性。结合土壤重金属总量和有效态相关性分析可知，Cr、Cu、Zn、As 和 Cd 元素相互之间的相关性较为显著。Hg 和 Sb 元素两者之间具有显著的正相关性，且两者的潜在生态风险指数空间分布特征基本一致，但两者与其他元素的相关性较弱或无相关性。结合 Hg 和 Sb 元素呈现中西部个别点位较高的特点，两者的来源较为符合工业生产活动局部泄漏的规律。

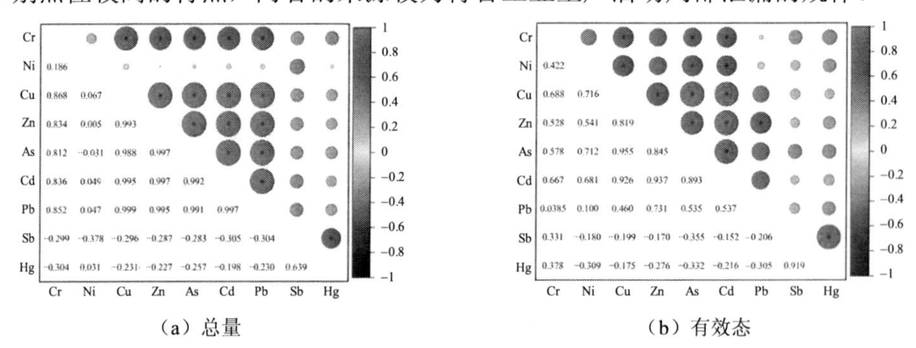

（a）总量　　（b）有效态

图 4-14　土壤重金属总量和有效态的 Pearson 相关矩阵

注：*表示 $P \leqslant 0.05$，圆的大小表示相关系数的绝对值。

由前文相关性分析可知，Cr、Ni、Cu、Zn、As、Cd 和 Pb 元素之间的相关性较好，适合进行主成分分析。采用 KMO 和 Bartlett 法对土壤中重金属 Cr、Ni、Cu、Zn、As、Cd 和 Pb 总量和有效态含量数据进行检验，得到 KMO 分别为 0.747 和 0.670，Bartlett 球度检验的相伴概率均为 0.000，满足主成分分析的数据要求。土壤重金属总量和有效态的因子载荷分布如图 4-15 所示，各提取两个特征值较大的因子，分别可解释变量总方差的 96.6%和 87.0%，因子 1 和因子 2 能反映原始数据的大部分信息。

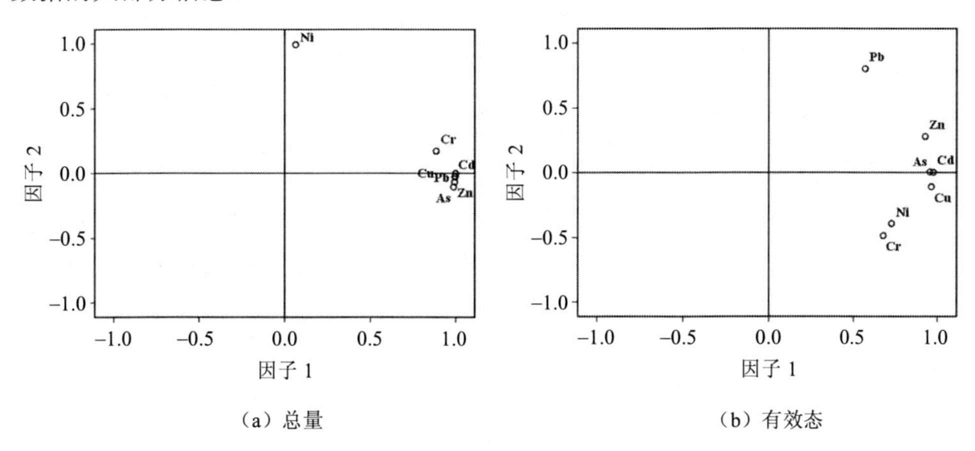

图 4-15　土壤重金属总量和有效态的因子载荷分布

重金属总量第一因子载荷较高的元素是 Cr、Cu、Zn、As、Cd 和 Pb，方差贡献率可达 81.8%，表明 Cr、Cu、Zn、As、Cd 和 Pb 具有同源性。余志等[177]、Cheng 等[178]和罗谦等[179]都对锌铅采矿和冶炼活动对土壤中的重金属的污染进行了研究，结果表明重金属含量较高的主要是 As、Cd、Pb、Zn 和 Cu，其来源主要是采矿冶炼工业活动。国内的金属冶炼的主要产排环节分别有原料准备、熔炼过程、熔铸、电解过程和尾气吸收，主要污染物为冶炼过程中产生的烟气、污水和废渣，其主要成分中的重金属会进入土壤。结合重金属统计分析和空间分布规律可知，Cr、Cu、Zn、As、Cd 和 Pb 主要来源为工业生产活动的输入。第二因子载荷较高的元素依次是 Ni 和 Cr，方差贡献率为 14.8%。结合前文对生态风险及空间分布的研究，Ni 和 Cr 的生态风险较低、变异系数较小，且 Cr 通常以残渣态为主要赋存形态[174,180]，因此第二因子的主要来源更符合自然输入的规律。该结果符合孙慧等[181]和 Rodríguez-Salazar 等[182]的研究结论，即 Ni 和 Cr 更多的来源于成土母质和背景，属于自然源金属。

有效态含量第一因子载荷较高的元素是 Cr、Ni、Cu、Zn、As、Cd 和 Pb，方差贡献率可达 70.9%，表明 Cr、Ni、Cu、Zn、As、Cd 和 Pb 的有效形态具有一定的同源性。其中，Cu、Zn、As 和 Cd 为具有较高载荷的重金属元素，结合前文内容可知，第一因子的主要来源为工业人为活动的输入。第二因子载荷较高的元素依次是 Pb 和 Zn，方差贡献率为 16.0%。由于该研究区属于铅锌冶炼厂内，Pb 和 Zn 为最主要的工业原料，且研究区土壤的 Pb 的有效态含量质量分数较高，因此第二因子的来源更符合工业原材料的输入。

第5章 结 论

（1）提出我国重点行业场地特征污染物清单技术

首先选择具有代表性的重点行业，在充分调研行业的文献、资料基础上，从各行业主流工艺出发，从全过程研究重点行业原辅材料、产排污环节、产排量以及特征污染物等情况，综合考虑原料、中间物质、产品、水处理设施用料、工艺废水污染物、易发事故下产生的污染物等因素，结合污染物产生时的各环节点位，运用气相色谱—四极杆飞行时间质谱（GC/QTOF-MS）的可疑物筛查技术和非靶标筛查等技术，通过综合分析，形成“行业特征污染物清单”。

总体来说，分析并汇总通过资料收集所确定的特征污染物清单Ⅰ、通过现场考察各调研企业确定的特征污染物清单Ⅱ、通过对各调研企业采样并筛查测试确定的特征污染物清单Ⅲ的结果，合并重叠污染物，最终得到《重点行业特征污染物清单》。

（2）形成我国石油加工、焦化、金属冶炼、制革、石油开采、有色金属矿采选、电镀、化工、农药九大行业特征污染物清单共 8 794 种

我国石油加工行业场地土壤，结合 3 个步骤所得出的清单Ⅰ、清单Ⅱ和清单Ⅲ，共得出石油加工行业土壤 2 942 种特征污染物。其中清单Ⅰ和清单Ⅱ共重叠 209 种污染物，清单Ⅰ和清单Ⅲ共重叠 147 种污染物，清单Ⅱ和清单Ⅲ共重叠 140 种污染物，清单Ⅰ、清单Ⅱ和清单Ⅲ重叠 108 种污染物；ICP-MS、GC-QTOF 和 LC-QTOF 共筛查不重叠的污染物 2 565 种。

我国焦化行业场地土壤，结合 3 个步骤所得出的清单Ⅰ、清单Ⅱ和清单Ⅲ，共得出焦化行业土壤 1 241 种特征污染物。其中清单Ⅰ和清单Ⅱ共重叠 118 种污染物，清单Ⅰ和清单Ⅲ共重叠 131 种污染物，清单Ⅱ和清单Ⅲ共重叠 115 种污染物。

我国金属冶炼行业场地土壤，结合 3 个步骤所得出的清单Ⅰ、清单Ⅱ和清单Ⅲ，共得出金属冶炼行业土壤 1 540 种特征污染物。清单Ⅰ和清单Ⅱ共重叠 120 种污染物，清单Ⅰ和清单Ⅲ共重叠 145 种污染物，清单Ⅱ和清单Ⅲ共重叠 115 种污染物，清单Ⅰ、清单Ⅱ和清单Ⅲ重叠 114 种污染物，ICP-MS、GC-QTOF 和 LC-QTOF 识别出 1 464 种污染物。

我国制革行业场地土壤，结合所得出的清单Ⅰ和清单Ⅱ，共得出制革行业土壤 84 种特征污染物。其中，清单Ⅰ和清单Ⅱ共重叠 57 种污染物。

我国石油开采行业场地土壤，结合所得出的清单Ⅰ和清单Ⅱ，共得出石油开采行业土壤 132 种特征污染物，且清单Ⅱ完全被清单Ⅰ包含。

我国有色金属矿采选行业场地土壤，结合所得出的清单Ⅰ和清单Ⅱ，共得出有色金属矿采选行业土壤 101 种特征污染物，且清单Ⅱ完全被清单Ⅰ包含。

我国电镀行业场地土壤，结合所得出的清单Ⅰ和清单Ⅱ，共得出电镀行业土壤 140 种特征污染物。清单Ⅰ和清单Ⅱ共重叠 94 种污染物。

我国化工行业场地土壤，结合两个步骤所得出的清单Ⅰ和清单Ⅱ，共得出石油加工行业土壤 3 370 种特征污染物。

我国农药行业场地土壤，结合两个步骤所得出的清单Ⅰ和清单Ⅱ，农药行业总体土壤特征污染物 1 160 种，清单Ⅱ完全被清单Ⅰ包含。

参考文献

[1] 刘长江，韩梅，贾娜. 电感耦合等离子体-质谱（ICP-MS）技术及其应用[J]. 广东化工，2015，42（11）：148-149，55.

[2] 沈沁怡，徐蓬蓬，季彦鋆，等. ICP-MS 半定量分析在应急监测中的应用研究[J]. 环境科学与管理，2014，39（2）：132-136.

[3] 杨春艳. ICP-MS 半定量分析及其应用[J]. 云南环境科学，2004（S1）：193-195.

[4] 张祥. ICP-MS 半定量法快速检测食品中微量重金属的方法研究[J]. 安徽农业科学，2016，44（5）：107-108，15.

[5] BASKETTER，KIMBER. Consideration of criteria required for assignment of a（skin）sensitiser a substance of very high concern（SVHC）under the REACH regulation[J]. Regulatory Toxicology and Pharmacology：RTP，2014.

[6] RAMOS-PERALONSO M J. Candidate List of Substances of Very High Concern（SVHC），REACH[J]. Encyclopedia of Toxicology（Third Edition），2014：645-648.

[7] 代允. 结合“土十条”谈我国土壤污染及其防治问题[J]. 2022（6）.

[8] 张文竞，赵蒙，杨景卫，等. 超高效液相色谱-串联四级杆飞行时间质谱法快速筛查尿液中58 种毒品及滥用药物[J]. 刑事技术，2019，44（3）：5.

[9] 吕元飞，宝剑锋，张凌博，等. 某石化厂土壤多环芳烃污染特征及健康风险评估研究[J]. 2022，47（2）：6.

[10] QIN L，XING F，BO Z，et al. Reducing polycyclic aromatic hydrocarbon and its mechanism by porous alumina bed material during medical waste incineration[J]. Chemosphere，2018，212：200-208.

[11] LIU Y，HAN F，LIU W，et al. Process-based volatile organic compound emission inventory establishment method for the petroleum refining industry[J]. 2020，263：121609.

[12] 马溪平，李法云，肖鹏飞，等. 典型工业区周围土壤重金属污染评价及空间分布[J]. 哈尔滨工业大学学报，2007，39（2）：326-329.

[13] 赵靓，梁云平，陈倩，等. 中国北方某市城市绿地土壤重金属空间分布特征、污染评价及来源解析[J]. 环境科学，2020，41（12）：5552-5561.

[14] 吴倩，张道来，杨培杰，等. 南大港湿地表层沉积物中多环芳烃污染特征及潜在生态风险评价[J]. 海洋地质前沿，2021，37（11）：8.

[15] CARLS M G，RICE S D，HOSE J E. Sensitivity of fish embryos to weathered crude oil：Part I. Low-level exposure during incubation causes malformations，genetic damage，and mortality in larval pacific herring（Clupea pallasi）[J]. Environmental Toxicology and Chemistry，1999.

[16] RAMACHANDRAN S D，HODSON P V，KHAN C W，et al. Oil dispersant increases PAH uptake by fish exposed to crude oil[J]. Ecotoxicology and Environmental Safety，2004，59（3）：300-308.

[17] GOLZADEH N，BARST B D，BAKER J M，et al. Alkylated polycyclic aromatic hydrocarbons are the largest contributor to polycyclic aromatic compound concentrations in traditional foods of the Bigstone Cree Nation in Alberta，Canada - ScienceDirect[J]. Environmental Pollution，2021，275.

[18] 弥启欣，国晓春，卢少勇，等. 千岛湖水体中邻苯二甲酸酯（PAEs）的分布特征及健康风险评价[J]. 环境科学，2022，43（4）：1966-1975.

[19] 杨秀娟，吴静娜，王运儒，等. 邻苯二甲酸酯（PAEs）胁迫栽培蕹菜的检测分析及其迁移规律[J]. 江苏农业科学，2017，45（5）：188-192.

[20] 周文敏，傅德黔，孙宗光. 水中优先控制污染物黑名单[J]. 中国环境监测，1990（4）：1-3.

[21] 胡玉琢，石运刚. 化学物质危害筛查与风险评估进展[J]. 科技视界，2017（13）：35，47.

[22] 陈润甲，田艳梅，张钧，等. 山西省某焦化厂周边土壤中重金属污染评价及特征分析[J]. 天津农业科学，2020，26（6）：79-84.

[23] 任源，韦朝海，吴超飞，等. 焦化废水水质组成及其环境学与生物学特性分析[J]. 环境科学学报，2007，（7）：1094-1000.

[24] 杨光冠，张磊，张占恩. 焦化厂附近大气降尘量及降尘中金属元素的分析[J]. 苏州科技学院学报（工程技术版），2006（4）：49-53.

[25] 李争显，李伟，JIAJUN L，等. 常见金属元素对人体的作用及危害[J]. 中国材料进展，2020，

39（12）：934-944.

[26] BROCK O，HELMUS R，KALBITZ K，et al. Non-target screening of leaf litter derived dissolved organic matter using liquid chromatography coupled to high resolution mass spectrometry（LC-QTOF-MS）[J]. European Journal of Soil Science，2019.

[27] 董瑞斌，许东风，刘雷，等. 多环芳烃在环境中的行为[J]. 环境与开发，1999（4）：10-11，45.

[28] 高学晟，霞 姜，区自清. 多环芳烃在土壤中的行为[J]. 应用生态学报，2002（4）：501-504.

[29] 岳敏，谷学新，邹洪，等. 多环芳烃的危害与防治[J]. 首都师范大学学报（自然科学版），2003（3）：40-44，31.

[30] SANTODONATO J. Review of the estrogenic and antiestrogenic activity of polycyclic aromatic hydrocarbons：relationship to carcinogenicity[J]. Chemosphere，1997，34（4）：835-848.

[31] BOSTRöM，CARL-ELIS，GERDE，et al. Cancer Risk Assessment，Indicators，and Guidelines for Polycyclic Aromatic Hydrocarbons in the Ambient Air[J]. Environmental Health Perspectives Supplements，2002.

[32] 胡玉琢，石运刚. 化学物质危害筛查与风险评估进展[J]. 科技视界，2017（13）：2.

[33] 周文敏，傅德黔. 水中优先控制污染物黑名单[J]. 中国环境监测，1990，6（4）：3.

[34] NONE. 首批有毒有害大气污染物名录发布[J]. 中国石油和化工，2019（3）：1.

[35] 宋言，许良，吴卫国. 锌冶炼先进工艺技术及应用实践[J]. 中国有色冶金，2022，51（1）：7.

[36] 彭幼林. 沸腾焙烧高铜锌精矿的工艺研究及生产实践[J]. 中国冶金，2018，28（8）：4.

[37] 张逸飞，张宏忠，刘芳莹，等. 电解铝废阴极炭块处理工艺进展[J]. 江西化工，2022，38（1）：3.

[38] 刘铮，王璠，曹婷，等. 黑色金属冶炼及压延加工业特征污染物和优控污染物筛选——以常州市为例[C]. proceedings of the 2020 中国环境科学学会科学技术年会，中国江苏南京，F，2020.

[39] 朱军，李维亮，刘曼博，等. 锌湿法冶炼渣的污染物分析及综合利用技术[J]. 矿产综合利用，2020（4）：7.

[40] 孙慧，毕如田，郭颖，等. 广东省土壤重金属溯源及污染源解析[J]. 环境科学学报，2018，38（2）：11.

[41] 陈凤，王程程，张丽娟，等. 铅锌冶炼区农田土壤中多环芳烃污染特征、源解析和风险评价[J]. 环境科学学报，2017，37（4）：9.

[42] FUJII M，SHINOHARA N，LIM A，et al. A study on emission of phthalate esters from plastic materials using a passive flux sampler[J]. Atmospheric Environment，2003，37（39-40）：5495-5504.

[43] 于钏钏，王强. 儿童邻苯二甲酸酯类物质暴露的健康风险评估[J]. 环境卫生学杂志，2022，12（3）：223-227.

[44] WANG X，HAN B，WU P，et al. Dibutyl phthalate induces allergic airway inflammation in rats via inhibition of the Nrf2/TSLP/JAK1 pathway[J]. Environmental Pollution，2020，267：115564.

[45] CHEN H，CHEN K，QIU X，et al. The reproductive toxicity and potential mechanisms of combined exposure to dibutyl phthalate and diisobutyl phthalate in male zebrafish（*Danio rerio*）[J]. Chemosphere，2020，258：127238.

[46] JCA B，QWA B，JING G，et al. Major factors dominating the fate of dibutyl phthalate in agricultural soils[J]. Ecotoxicology and Environmental Safety，183：109569-.

[47] 武姿辰，朱超飞，李晓秀，等. 基于 GC-QTOF/MS 的大气中有机污染物的非靶标筛查及半定量分析[J]. 环境化学，2021，40（12）：3698-3705.

[48] 傅晓钘，刘婷婷. 桐乡某皮革厂周边土壤重金属污染及健康风险评价[J]. 安徽农业科学，2018，46（35）：8.

[49] 王宇峰，刘磊，汪俊玉，等. 典型制革企业退役场地污染特征研究[J]. 中国资源综合利用，2019，37（6）：153-155.

[50] 杨斌，张刚，李欲如，等. 浙江省制革和电镀行业铬污染现状调研及治理对策[J]. 中国给水排水，2016，32（8）：7.

[51] 俞从正，章川波，丁绍兰，等. 制革污泥的现状及其作为堆肥原料的前景[J]. 中国皮革，2000，29（23）：4.

[52] 韩月梅. 石油开采中土壤污染及防治[J]. 科技经济导刊，2019，（12）：1.

[53] 张佳斌. 石油开发对环境的影响与对策研究[J]. 中小企业管理与科技（中旬刊），2019（3）：78-79.

[54] RAGHAVENDRA，D，RAO. An integrated modelling framework for exploration and extraction of petroleum resources[J]. Resources Policy，2000.

[55] 刘美林，徐政，杨丽梅，等. 有色金属矿采选行业工业污染源产排污现状，特征及治理情况[C]. proceedings of the 2008 工业污染源产排污系数核算及应用研讨会，F，2008.

[56] 於方，张强，过孝民. 我国金属矿采选业废水污染特征分析[J]. 金属矿山，2003（9）：5.
[57] 李旭华，周长波，沈忱. 锰矿采选废水污染防治技术现状及展望[C]. proceedings of the 2015 年中国环境科学学会学术年会，F，2015.
[58] 曲映溪，姜新舒，刘立全，等. 典型电镀厂土壤中全/多氟烷基化合物的污染特征及风险评估[J]. 能源环境保护，2020，37（1）：4.
[59] 田珺，张新华，陈华，等. 电镀行业重金属污染问题及防治对策研究[J]. 污染防治技术，2014（4）：39-41.
[60] 陈志良，赵述华，周建民，等. 典型电镀污染场地重金属污染特征与生态风险评价[J]. 环境污染与防治，2013，35（10）：5.
[61] 张磊，展漫军，杭静，等. 南京市某电镀企业搬迁遗留场地调查及风险评估[J]. 环境监测管理与技术，2015，27（6）：33-36.
[62] WEI LIU H Y，WEI XU，GUANGBING LIU，XUEBING WANG，YONG TU，PENG SHI，NANYANG YU，AIMIN LI，SIWEI. Suspect screening and risk assessment of pollutants in the wastewater from a chemical industry park in China[J]. Environmental Pollution，2020，263（11493）：9.
[63] 房吉敦，杜晓明，李政，徐竹，史怡，李慧颖，马妍，杨宾，李发生. 某复合型化工污染场地分地层健康风险评估[J]. 环境工程技术学报，2013，3（5）：7.
[64] 孟宪荣，许伟，张建荣. 化工污染场地氯苯分布特征[J]. 土壤，2019，51（6）：7.
[65] 胡媛. 化工项目污染影响型土壤环境影响评价的注意事项[J]. 能源与节能，2022（2）：3.
[66] 吕浩，万玉山，杨彦，等. 某典型化工污染场地土壤修复方案研究[J]. 环境污染与防治，2015，37（7）：7.
[67] 朱少峰，张钢强，徐菁. 化工污染治理工艺研究[J]. 环境科学与管理，2019，44（3）：4.
[68] 彬苏，刘郭，孙郭. 有机化工污染场地土壤与地下水的风险评估及环境管理[J]. 中国资源综合利用，2021，39（8）：3.
[69] 邢献予. 土壤农药污染的危害及修复技术[J]. 现代农村科技，2022（4）：2.
[70] 何小玲，聂艳，王念，等. 有机磷农药污染现状与防治对策[J]. 环境生态学，2021，3（10）：6.
[71] ZLA B，JSAB C，LZA B. Organophosphorus pesticides in greenhouse and open-field soils across China：Distribution characteristic，polluted pathway and health risk - ScienceDirect[J]. Science of The Total Environment，2020.

[72] 梁悦，施雨其，麦麦提・斯马义，等. 农药制造企业的挥发性有机物排放特征及控制研究[J]. 环境污染与防治，2021，43（10）：7.

[73] 杨代凤，刘腾飞，谢修庆，等. 我国农业土壤中持久性有机氯类农药污染现状分析[J]. 环境与可持续发展，2017，42（4）：4.

[74] 彭芬芬. 农田土壤农药污染综合治理分析[J]. 科技资讯，2018，16（19）：2.

[75] 张春秀. 农药污染对农作物土壤的影响及可持续治理对策[J]. 现代农业，2017（7）：2.

[76] ZHANG H，ZHAO Y，WANG Z，et al. Distribution characteristics，bioaccumulation and trophic transfer of heavy metals in the food web of grassland ecosystems[J]. Chemosphere，2021，278（11）：130407.

[77] 傅晓文. 盐渍化石油污染土壤中重金属的污染特征、分布和来源解析[D]. 山东大学，2014.

[78] LIU N，LIU H，WU P，et al. Distribution characteristics and potential pollution assessment of heavy metals（Cd，Pb，Zn） in reservoir sediments from a historical artisanal zinc smelting area in Southwest China[J]. Environmental Science and Pollution Research，2022：1-11.

[79] WU Z，ZHANG L，XIA T，et al. Heavy metal pollution and human health risk assessment at mercury smelting sites in Wanshan district of Guizhou Province，China[J]. RSC Advances，2020，10.

[80] ZHANG H，YUAN X，XIONG T，et al. Bioremediation of co-contaminated soil with heavy metals and pesticides：influence factors，mechanisms and evaluation methods[J]. Chemical Engineering Journal，2020：125657.

[81] 李沅蔚，邹艳梅，王传远. 黄河三角洲油田区土壤重金属的垂直分布规律及其影响因素[J]. 环境化学，2019，38（11）：11.

[82] SUNDARAY S K，NAYAK B B，LIN S，et al. Geochemical speciation and risk assessment of heavy metals in the river estuarine sediments-A case study：Mahanadi basin，India[J]. Journal of Hazardous Materials，2011.

[83] 孟晓飞，郭俊娒，杨俊兴，等. 河南省典型工业区周边农田土壤重金属分布特征及风险评价[J]. 环境科学，2021，42（2）：900-908.

[84] LIU G，TAO L，LIU X，et al. Heavy metal speciation and pollution of agricultural soils along Jishui River in non-ferrous metal mine area in Jiangxi Province，China[J]. Journal of Geochemical Exploration，2013，132：156-163.

[85] 姜时欣，翟付杰，张超，等. 伊通河（城区段）沉积物重金属形态分布特征及风险评价[J]. 环境科学，2020，41（6）：11.

[86] 马宏宏，彭敏，刘飞，等. 广西典型碳酸盐岩区农田土壤-作物系统重金属生物有效性及迁移富集特征[J]. 环境科学，2020，41（1）：11.

[87] 郭彦海，高国龙，王庆，等. 典型平原地区生活垃圾焚烧厂周边土壤重金属赋存形态分布特征及生物有效性评价[J]. 环境科学研究，2019，32（9）：8.

[88] 张越. 黄土高原石油炼油厂周边环境中重金属污染评价[D]. 西北大学，2012.

[89] 张朝阳，彭平安，宋建中，等. 改进 BCR 法分析国家土壤标准物质中重金属化学形态[J]. 生态环境学报，2012，21（11）：1881-1884.

[90] 国家环境保护局，中国环境监测总站. 中国土壤元素背景值[M]. 北京：中国环境科学出版社，1990.

[91] 高彦鑫，冯金国，唐磊，等. 密云水库上游金属矿区土壤中重金属形态分布及风险评价[J]. 环境科学，2012，33（5）：11.

[92] 李春芳，王菲，曹文涛，等. 龙口市污水灌溉区农田重金属来源、空间分布及污染评价[J]. 环境科学，2017，38（3）：10.

[93] WANG S，KALKHAJEH Y K，QIN Z，et al. Spatial distribution and assessment of the human health risks of heavy metals in a retired petrochemical industrial area，South China[J]. Environmental Research，2020，188：109661.

[94] 秦延文，张雷，郑丙辉，等. 太湖表层沉积物重金属赋存形态分析及污染特征[J]. 环境科学，2012，33（12）：9.

[95] 钟晓兰，周生路，李江涛，等. 长江三角洲地区土壤重金属生物有效性的研究——以江苏昆山市为例[J]. 土壤学报，2008，45（2）：9.

[96] 赵靓，梁云平，陈倩，等. 中国北方某市城市绿地土壤重金属空间分布特征，污染评价及来源解析[J]. 环境科学，2020，41（12）：10.

[97] ALSHAHRI F，EL-TAHER A. Assessment of Heavy and Trace Metals in Surface Soil Nearby an Oil Refinery，Saudi Arabia，Using Geoaccumulation and Pollution Indices[J]. Archives of Environmental Contamination & Toxicology，2018.

[98] 麻冰涓，王海邻，李小超，等. 河南省武陟县大田土壤重金属形态分布及潜在生态风险评价[J]. 安全与环境学报，2015，15（4）：5.

[99] 许超，夏北成，吴海宁，等. 酸性矿山废水污灌区水稻土重金属的形态分布及生物有效性[J]. 环境科学，2009，30（3）：7.

[100] CHEN Y，HONG-BING J I，ZHU X F，et al. Fraction Distribution and Risk Assessment of Heavy Metals in Soils Around the Gold Mine of Detiangou-Qifengcha，Beijing City，China[J]. Journal of Agro-Environment Science，2012.

[101] 孙雪菲，张丽霞，董玉龙，等. 典型石化工业城市土壤重金属源解析及空间分布模拟[J]. 环境科学，2021.

[102] TENG Y，JIN W，LU S，et al. Soil and soil environmental quality monitoring in China：A review[J]. Environment International，2014，69（aug.）：177-99.

[103] 王锐，胡小兰，张永文，等. 重庆市主要农耕区土壤 Cd 生物有效性及影响因素[J]. 环境科学，2020，41（4）：1864-70.

[104] LIN S. Effect of earthworm casts on copper uptake by ryegrass in copper polluted soil[J]. Acta Pedologica Sinica，2006.

[105] 陈俊，范文宏，孙如梦，等. 新河污灌区土壤中重金属的形态分布和生物有效性研究[J]. 环境科学学报，2007（5）：831-837.

[106] 林承奇，胡恭任，于瑞莲，等. 九龙江表层沉积物重金属赋存形态及生态风险[J]. 环境科学，2017，38（3）：1002-1009.

[107] 张晶，于玲玲，辛术贞，等. 根茬连续还田对镉污染农田土壤中镉赋存形态和生物有效性的影响[J]. 环境科学，2013，34（2）：685-91.

[108] BOSCO M L，VARRICA D，DONGARRà G. Case study：Inorganic pollutants associated with particulate matter from an area near a petrochemical plant[J]. Environmental Research，2005，99（1）：18-30.

[109] DEKKERS M. The application of fuzzy C-means cluster analysis and non-linear mapping to a soil data set for the detection of polluted sites[J]. Physics and Chemistry of the Earth，Part A：Solid Earth and Geodesy，2001.

[110] 张军，董洁，梁青芳，等. 宝鸡市区土壤重金属污染影响因子探测及其源解析[J]. 环境科学，2019，40（8）：3774-3784.

[111] 赖书雅，董秋瑶，宋超，等. 南阳盆地东部山区土壤重金属分布特征及生态风险评价[J]. 环境科学，2021，42（11）：10.

[112] 韦朝阳，陈同斌. 重金属污染植物修复技术的研究与应用现状[J]. 地球科学进展，2002，Issue（6）：833-839.

[113] JIANSHU，LV，YANG，et al. Identifying the origins and spatial distributions of heavy metals in soils of Ju country（Eastern China） using multivariate and geostatistical approach[J]. Journal of Soils & Sediments，2015.

[114] LV J，ZHANG Z，LI S，et al. Assessing spatial distribution，sources，and potential ecological risk of heavy metals in surface sediments of the Nansi Lake，Eastern China[J]. Journal of Radioanalytical and Nuclear Chemistry，2014，299（3）：1671-1681.

[115] 王蕊，陈楠，张二喜，等. 龙岩市某铁锰矿区土壤重金属地球化学空间分布特征与来源分析[J]. 环境科学，2021.

[116] 楼春，钟茜. 焦化厂场地土壤污染分布特征分析[J]. 中国资源综合利用，2019，37（4）：3.

[117] 谢剑，李发生. 中国污染场地修复与再开发[J]. 环境保护，2012（2）：11.

[118] 周若凡，吴艳辉. 典型焦化场地污染特征研究进展[J]. 山东化工，2020，49（14）：3.

[119] 刘振坤，吴华勇，刘峰，等. 中国焦化场地近 20 年时空演变特征及驱动因素[J]. 生态环境学报，2021.

[120] 王忠旺，韩玮，陈雨龙，等. 表面活性剂对焦化污染土壤中多环芳烃淋洗修复研究[J]. 环境污染与防治，2020，42（6）：6.

[121] 郝丽虹，张世晨，武志花，等. 低山丘陵区焦化厂土壤中 PAHs 空间分布特征[J]. 中国环境科学，2018，38（7）：7.

[122] 孟祥帅，陈鸿汉，郑从奇，等. 焦化厂不同污染源作用下土壤 PAHs 污染特征[J]. 中国环境科学，2020，40（11）：8.

[123] 王佩，蒋鹏，张华，等. 焦化厂土壤和地下水中 PAHs 分布特征及其污染过程[J]. 环境科学研究，2015.

[124] 贾晓洋，姜林，夏天翔，等. 焦化厂土壤中 PAHs 的累积、垂向分布特征及来源分析[J]. 化工学报，2011.

[125] 王营营. 某焦化厂改建用地土壤中 PAHs 污染及其风险评价[J]. 环境科学与技术，2019，42（8）：8.

[126] 刘庚，毕如田，王世杰，等. 某焦化场地土壤多环芳烃污染数据的统计特征[J]. 应用生态学报，2013，24（6）.

[127] 刘庚，郭观林，南锋，等. 某大型焦化企业污染场地中多环芳烃空间分布的分异性特征[J]. 环境科学，2012，33（12）：7.

[128] 崔阳，郭利利，张桂香，等. 山西焦化污染区土壤和农产品中 PAHs 风险特征初步研究[J]. 农业环境科学学报，2015，（1）：8.

[129] ZHANG G，HE L，GUO X，et al. Mechanism of biochar as a biostimulation strategy to remove polycyclic aromatic hydrocarbons from heavily contaminated soil in a coking plant[J]. Geoderma，2020，375：114497.

[130] LIU Z，GAO Z，LU X. An Integrated Approach to Remove PAHs from Highly Contaminated Soil：Electro-Fenton Process and Bioslurry Treatment[J]. Water Air and Soil Pollution，2020，231（6）.

[131] TAO S Y，ZHONG B Q，LIN Y，et al. Application of a self-organizing map and positive matrix factorization to investigate the spatial distributions and sources of polycyclic aromatic hydrocarbons in soils from Xiangfen County，northern China[J]. Ecotoxicol Environ Saf，2017，141：98-106.

[132] A L Z，A H H，A Y S，et al. Occurrence，sources，and potential human health risks of polycyclic aromatic hydrocarbons in agricultural soils of the coal production area surrounding Xinzhou，China[J]. Ecotoxicology and Environmental Safety，2014，108（1）：120-8.

[133] CAO W，YIN L，ZHANG D，et al. Contamination，Sources，and Health Risks Associated with Soil PAHs in Rebuilt Land from a Coking Plant，Beijing，China[J]. International Journal of Environmental Research & Public Health，2019，16（4）.

[134] WEI C，SG A，JING Z A，et al. Post relocation of industrial sites for decades：Ascertain sources and human risk assessment of soil polycyclic aromatic hydrocarbons - ScienceDirect[J]. Ecotoxicology and Environmental Safety，198.

[135] CHEN J，LIAO J，WEI C. Coking wastewater treatment plant as a sources of polycyclic aromatic hydrocarbons（PAHs） in sediments and ecological risk assessment[J]. Scientific Reports，2020，10（1）.

[136] LIU D，LIU Z，LI Y. Distribution and Occurrence of Polycyclic Aromatic Hydrocarbons from Coal Combustion and Coking and its Impact on the Environment[J]. Energy Procedia，2011，5（1）：734-741.

[137] HL，CHEN，JJ，et al. Distribution of polycyclic aromatic hydrocarbons in different size fractions of soil from a coke oven plant and its relationship to organic carbon content[J]. J Hazard Mater，2010，2010，176（1-3）：729-734.

[138] 何佳璘，段永红，孙健. 晋中某焦化企业周边农田表土中 PAHs 污染特征及风险分析[J]. 山西农业科学，2020，48（3）：5.

[139] 谢荣焕. 安徽北部某焦化厂场地土壤和地下水环境调查与风险评估[J]. 中国资源综合利用，2019，37（5）：3.

[140] 尹勇，戴中华，蒋鹏，等. 苏南某焦化厂场地土壤和地下水特征污染物分布规律研究[J]. 农业环境科学学报，2012，31（8）：7.

[141] 王培俊，刘俐，李发生，等. 西南某焦化场地土壤中典型污染物的特征分布[J]. 煤炭学报，2011，36（9）：6.

[142] 张亦弛，于玲红，王培俊，等. 某焦化生产场地典型污染物的垂向分布特征[J]. 煤炭学报，2012，37（7）：8.

[143] 钟名誉，陈卓，贾晓洋，等. 焦化污染土壤有机质不同组分中多环芳烃分布及其生物有效性分析[J]. 环境科学学报，2021.

[144] 郭晓欣，范婧婧，周友亚，等. 焦化场地典型多环芳烃类污染物精细化风险评估[J]. 生态毒理学报，2021.

[145] 钟岩. 云南曲靖某煤化工基地及周边土壤中多环芳烃的检测研究[J]. 干旱环境监测，2016，30（4）：5.

[146] QI H，CHEN X，DU Y E，et al. Cancer risk assessment of soils contaminated by polycyclic aromatic hydrocarbons in Shanxi，China[J]. Ecotoxicology and Environmental Safety，2019，182（OCT.）：109381.1-.6.

[147] WANG Y L，XIA Z H，LIU D，et al. Multimedia fate and source apportionment of polycyclic aromatic hydrocarbons in a coking industry city in Northern China[J]. Environmental Pollution，2013，181（oct.）：115-121.

[148] 张玉，宋光卫，刘海红，等. 某大型化工场地土壤中多环芳烃（PAHs）污染现状与风险评价[J]. 生态学杂志，2019，38（11）：8.

[149] ZHONG M，JIANG L，JIA X，et al. Health Risk Assessment on PAHs Contaminated Site – A Case Study in a Relocated Coke and Chemical Plant in Beijing[J]. Procedia Environmental

Sciences，2013，18（1）：666-678.

[150] FLA B，SGA B，BO W，et al. Pilot-scale electro-bioremediation of heavily PAH-contaminated soil from an abandoned coking plant site - ScienceDirect[J]. Chemosphere，244.

[151] 邢志林，袁山林，郭江枫，等. 重庆工业园区土壤微生物群落结构及功能分析——以焦化厂土壤为例[J]. 环境影响评价，2020，42（2）：5.

[152] 徐争启，倪师军，庹先国，等. 潜在生态危害指数法评价中重金属毒性系数计算[J]. 环境科学与技术，2008，31（2）：4.

[153] A P，PJD B，MIAO Y C，et al. Spatial variability of heavy metal ecological risk in urban soils from Linfen，China - ScienceDirect[J]. CATENA，190.

[154] SUZHEN，CAO，XIAOLI，et al. Health risks from the exposure of children to As，Se，Pb and other heavy metals near the largest coking plant in China[J]. Science of the Total Environment，2014.

[155] 卜凡迅，王云平. 焦化厂土壤重金属污染影响因素研究进展[J]. 山西农业科学，2019，47（4）：6.

[156] 陈润甲，田艳梅，张钧，等. 山西省某焦化厂周边土壤中重金属污染评价及特征分析[J]. 天津农业科学，2020.

[157] 陈月芳，许锦荣，段小丽，等. 某焦化企业周边儿童重金属经口综合暴露健康风险[J]. 中国环境科学，2019，39（11）：10.

[158] 顾高铨，万小铭，曾伟斌，等. 焦化场地内外土壤重金属空间分布及驱动因子差异分析[J]. 环境科学，2021.

[159] 刘子姣，范智睿. 焦化厂周边土壤—玉米系统重金属污染风险评价[J]. 山西农业科学，2019，47（11）：4.

[160] 商执峰，祝方，刘涛，等. 焦化厂周边土壤重金属分布特征及生态风险评价[J]. 水土保持通报，2014，34（6）：5.

[161] 王星星，王海芳. 山西省某焦化厂土壤重金属污染状况分析与评价[J]. 应用化工，2020，49（4）：4.

[162] 张荣海，李海明，张红兵，等. 某焦化厂土壤重金属污染特征与风险评价[J]. 水文地质工程地质，2015（5）：6.

[163] 张永清，高董. 吕梁市某焦化厂及周边土壤重金属污染状况与评价[J]. 山西农业大学学报：

自然科学版，2015，35（3）：7.

[164] MALISZEWSKA-KORDYBACH B. Polycyclic aromatic hydrocarbons in agricultural soils in Poland：preliminary proposals for criteria to evaluate the level of soil contamination[J]. Applied Geochemistry，1996，11（1-2）：121-127.

[165] 钟名誉，李慧颖，贾晓洋，等. 不同焦化厂土壤中多环芳烃污染特征比较研究[J]. 生态与农村环境学报，2021.

[166] 张俊叶，俞菲，俞元春. 中国主要地区表层土壤多环芳烃含量及来源解析[J]. 生态环境学报，2017，26（6）：9.

[167] ASHAYERI N Y，KESHAVARZI B，MOORE F，et al. Presence of polycyclic aromatic hydrocarbons in sediments and surface water from Shadegan wetland – Iran：A focus on source apportionment，human and ecological risk assessment and Sediment-Water Exchange[J]. Ecotoxicology & Environmental Safety，2018，148：1054-1066.

[168] 于国光，张志恒，叶雪珠，等. 杭州市郊区表层土壤中的多环芳烃[J]. 生态环境学报，2009，18（3）：4.

[169] 陈文轩，李茜，王珍，等. 中国农田土壤重金属空间分布特征及污染评价[J]. 环境科学，2020，41（6）：12.

[170] 杜昊霖，王莺，王劲松，等. 青藏高原典型流域土壤重金属分布特征及其生态风险评价[J]. 环境科学，2021，42（9）：10.

[171] 陈敏，陈莉，黄平. 乌鲁木齐土壤中多环芳烃的污染特征及生态风险评价[J]. 中国环境监测，2015（2）：8.

[172] 陆泗进，王业耀，何立环. 湖南省某冶炼厂周边农田土壤重金属污染及生态风险评价[J]. 中国环境监测，2015，31（3）：77-83.

[173] 牛学奎，吴学勇，侯娟，等. 典型铅冶炼鼓风炉周边土壤重金属含量及化学形态研究[J]. 四川环境，2018，37（04）：25-28.

[174] FAN S，WANG X，LEI J，et al. Spatial distribution and source identification of heavy metals in a typical Pb/Zn smelter in an arid area of northwest China[J]. Human and Ecological Risk Assessment：An International Journal，2019，25（7）：1661-1687.

[175] 李恒江，杨亚军，吕会民. 铟冶炼中间废渣回收铟的工艺研究与应用[J]. 世界有色金属，2018（4）：30-31.

[176] 田刚. 清洁生产在铜冶炼行业中的应用研究[J]. 山西冶金，2018，41（3）：111-112，8.

[177] 余志，陈凤，张军方，等. 锌冶炼区菜地土壤和蔬菜重金属污染状况及风险评价[J]. 中国环境科学，2019，39（5）：2086-2094.

[178] CHENG X，DANEK T，DROZDOVA J，et al. Soil heavy metal pollution and risk assessment associated with the Zn-Pb mining region in Yunnan，Southwest China[J]. Environmental Monitoring and Assessment，2018，190.

[179] 罗谦，李英菊，秦樊鑫，等. 铅锌矿区周边耕地土壤团聚体重金属污染状况及风险评估[J]. 生态环境学报，2020，29（3）：605-614.

[180] 江涛，林伟稳，曹英杰，等. 梅江流域清凉山水库沉积物重金属污染、生态风险评价及来源解析[J]. 环境科学，2020，41（12）：5410-5418.

[181] 孙慧，毕如田，郭颖，等. 广东省土壤重金属溯源及污染源解析[J]. 环境科学学报，2018，38（2）：704-714.

[182] RODRíGUEZ-SALAZAR M T，MORTON-BERMEA O，HERNáNDEZ-ÁLVAREZ E，et al. The study of metal contamination in urban topsoils of Mexico City using GIS[J]. Environmental Earth Sciences，2011，62（5）：899-905.

扫描二维码获取
九大行业污染物清单